小住宅
格局规划圣经

11种常见格局问题
60种意想不到的破解法

漂亮家居编辑部　著

序

全球经济不景气，反映在房市上很明显的就是自住为主，另外就是资金有限，对想买房的人来说，小户型住宅相对来说负担比较轻，于是小户型的市场繁荣起来了。

很多人认为，面积小就无须在装修上过于费心思，事实上小户型才最需要认真思考格局、功能等问题。如今我就有点后悔当时装修改格局时，没有把客厅和厨房的隔断一起拆掉，甚至也常常在想，如果公共空间和卧室的位置对调会怎样？这时候就需要一个对格局、动线很擅长的设计师。《小户型改造攻略——打造小而美的家》网罗了数十位设计师、数十个设计团队，有些案例其实动得也不多，但却创造出了丰富的生活功能、收纳空间，有些则碍于空间条件必须大刀阔斧地重新来过，但换得的空间感、光线的穿透感等却是令人意想不到的惊喜，而且可别以为这些平面图都是一次确定方案的，设计师们在规划的过程中，可是耗费了许多脑力与精力的，也必须提出不同的平面配置想法让屋主选择。

采访实适空间设计师王静雯时，她便与我分享了案例的数种平面选择，有的是没有储藏室，有的则是把两间浴室变成一间，其实挺有趣的。换成其他屋主甚至是我，喜欢的平面配置方式绝对是不一样的。另外馥阁设计遇到的屋主夫妇也很有意思，一家三口从165m²的房子搬到33m²的房子，虽然有垂直高度可以利用，但绝对比不上过去居住的尺度，设计师除了绞尽脑汁以复合式、隐藏式手法安排出一般住宅该有的几室几厅之外，甚至为该案研发了许多五金机关，把楼梯变成电动式、藏在电器柜内，衣柜则是可升降的，据说还引起了五金厂商、建材商的注意。而不论哪种配置方式，宽敞的空间感、采光与通风的舒适度等，对设计师来说都是必须要达成的。

《小户型改造攻略——打造小而美的家》是从设计师的专业角度，深入解析小户型的格局状况以及化解方法，同时每种状况更紧扣小户型的改造技巧，公寓、套房、挑高空间遇到一样的状况该如何解决，并清楚列明小户型施工前后的问题与破解手法、使用建材、改造重点、立面设计思考等，提供最详尽的小户型规划技巧。

漂亮家居编辑部　许嘉芬

目 录

第1章 隔断 改变隔断做法，小住宅好宽敞

第1章 隔断

改变隔断做法，小住宅好宽敞

关于隔断，设计师这样想

01 少一个房间却能增加更多功能

空间其实是1+1>2的，比方说拆掉一间与客厅相邻的密闭房间，却能增加娱乐、用餐、阅读等多种用途，加上舒适的空间感与采光，投资报酬率相当高。过多的隔断不仅限制了用途，更造成光源阻隔、形成阴暗角落的问题，应视需求与隐私需要调配，或开放或弹性，为生活带来更多的自由。

02 夹层规划解决寝室不足问题

小户型住宅最常面临的便是寝室不足的窘境，考虑到隐私性，较难开放或与其他功能合并处理的，立体规划就成为一种选择，可视住宅楼高衡量夹层面积。

03 玻璃隔断增加厅区景深

与厅区相邻的书房或客房，可采用透明玻璃搭配卷帘方式做隔断，平时收起卷帘让视线得以穿透，增加厅区景深，营造视觉上的放大效果。

04 高低差、材质转换成隐形隔断

隔断等同于实体墙面这样的观念就太狭隘了！地坪的高低差、不同材质的转换、天花造型的改变，都可以成为住宅功能过渡的另一种形式。

05 只局部挑高减缓压迫感

夹层格局在小宅房型中相当常见，一般房客看到夹层空间，多半会希望楼板面积能越多越好，但设计师却提醒须先检视屋高。当屋高超过5.2m，可考虑做足夹层，不至于产生压迫感；但若不足4m、空间面积又不大，则建议改以局部挑高来缓减压力。

06 夹层小宅小心梁柱来打扰

夹层类的小住宅经常在楼上碰到大梁，尤其是当空间狭小时会加倍凸显梁的压迫感。由于二楼通常规划为私密空间，若大梁位于床头可利用床头柜加深设计来避开，如果在床尾则可以弧状造型来缓和尖角的不舒适感；若在床尾且不影响动线，可借助镜墙包覆来反射延伸视觉。

07 隐藏畸零边角重塑合理格局

每个房子多少都会遇到有畸零角的问题，但同样大小的梁柱在小空间中却有放大效果，并产生不适感。因此，应尽量将边角隐藏，或想办法融入格局中使之合理化，例如借助收纳柜或假柱来包覆修饰畸零角；另外，也可利用梁柱来做区隔空间的定位点，降低突兀感。

08 集中并放大公共区域

越是小房子，越要讲究放大空间感的设计，而关键就在于格局的配置。建议开放的区域集中设计，可创造出中央公共区域更开阔、流畅的视野与动线。比如将客厅、餐厨区甚至书房做联动开放设计，让主要起居空间视野更开阔，弱化小空间的狭隘感受。

09 轻浅色彩、垂直线条拉大空间

亮丽的轻浅色调在色彩学上有放大的效果，同时也有舒压、疗愈的作用，尤其是小空间不妨采用轻浅色彩搭配垂直线条来拉高、放大空间感。此外，也可适度地加入间接光源，让墙面有后退感，避免给人碰壁的阻碍感受。

10 用家具或布帘取代实墙区隔空间

套房通常室内面积都很小，但就是因为空间有限，除了浴室设置必要的隔断外，最好都不要隔断，若很在意可以考虑用活动隔断，像是可移动的拉门，可以随时依需求调整空间，尽量减少固定隔断，若不希望让人直视睡眠区，可选择半高的家具或是用布帘做区隔。

11 必要隔断可用镂空柜体

小空间最怕隔断过多，每个空间被切割得很小，光线也被挡住了。如果必须设置隔断，建议采用柜体区隔，并让柜体以悬空、镂空等较具穿透力的形式规划，让人不会产生压迫感，又能兼具隔断作用与功能效果。

12 根据私密程度决定隔断样式

一般来说，为了使空间属性不互相干扰，通常会利用隔断墙来做出区隔，但空间小就不见得都要隔断，公共区域像是客厅、餐厅和厨房是经常走动的地方，使用频率高，需要开阔的空间才不至于太过拥挤。可采取半开放式的设计，采取不做满实墙区隔的手法，如规划半高的隔墙，或用柜体、帘幕作为隔断。

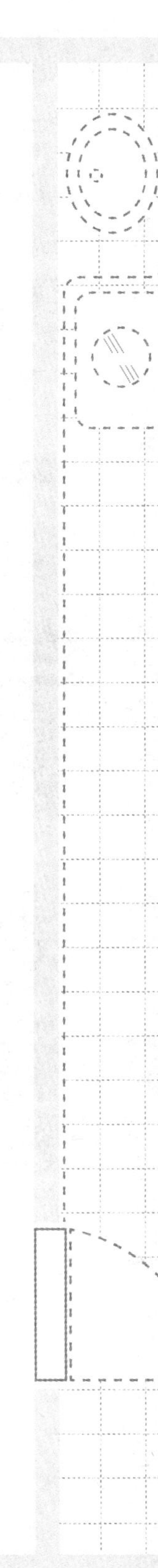

状况

01 ▼

隔断过于零碎，难以利用

平面图破解 手法 1

□套房□挑高☑单层

墙后退一步，卫浴从一变二

室内面积：80 m²
原始格局：三室两厅｜完成格局：三室两厅两卫
居住成员：1人

文/刘继珩 空间设计暨图片提供/虫点子创意设计

对单身的一人来说，80 m²的居住空间不算太狭小，但如果格局不符合个人生活需求，住起来还是不够舒适，因此，当屋主提出想要一间有浴室的主卧，还要再多一间客浴时，设计师在思考后将其中两道墙分别向后退，刚好能把原本难以利用的畸零空间规划为浴室，满足了屋主的愿望。

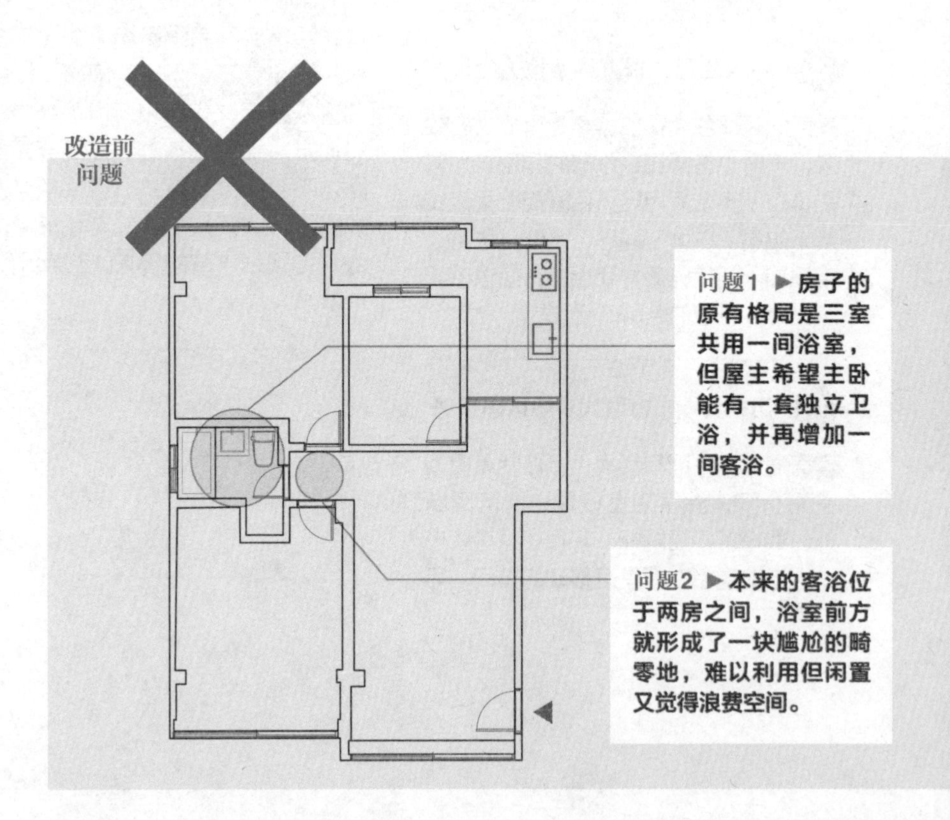

改造后破解

破解1 ▶将客浴门移位变主浴 设计师改变了客浴门的位置和开门方向，并将面盆和马桶位置交换，当门移位后，主卧不但拥有独立卫浴，相对格局也变得比原来方正。

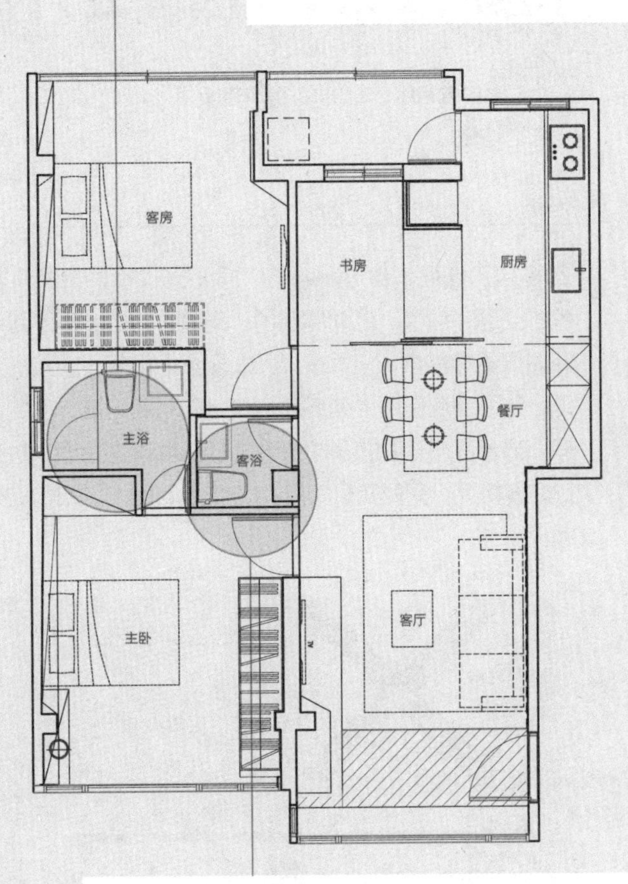

破解2 ▶两道墙后退变出卫浴空间 为了让畸零地不被闲置浪费，设计师将两间房间的墙各自往后退，挪出空间把畸零地加大规划成另一间浴室，客房房门也顺利更改方向。

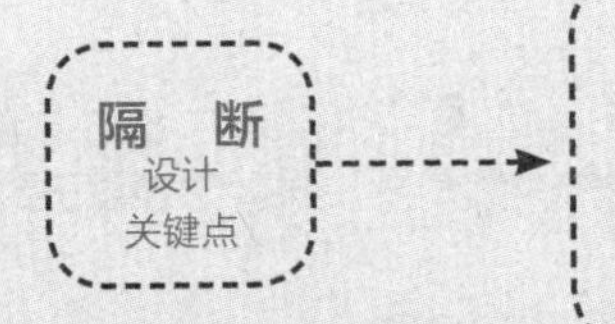

浴室泄水坡度设定要精准

管线设定是卫浴空间很重要的一环，新增的浴室因为要重拉下水管，地板需要垫高以便安排下水管位移，更要精准计算泄水坡度，以免日后出现排水不良、堵塞等问题。

平面图破解 手法 2

□套房□挑高☑单层

化解畸零角落，拉整线条，空间更开阔

室内面积：73 m²
原始格局：两室两厅｜完成格局：两室两厅
居住成员：4人

文／蔡竺玲 空间设计暨资料提供／Z 轴空间设计

20多年的老屋本身屋况不佳，虽采光优良，但却有漏水和结构不平整的问题，导致产生畸零空间；同时再加上收纳不足、孩子年幼必须随时照看等需求，因此设计师决定全面翻新，重拉管线，解决漏水问题。破除厨房隔断，使客厅、餐厅和厨房连成一气，视野变得开阔无碍，方便随时照看孩子。主卧与次卧墙面向后退，拉齐空间线条，消除畸零角落，同时变更房门入口位置，适时隐蔽私人空间入口。

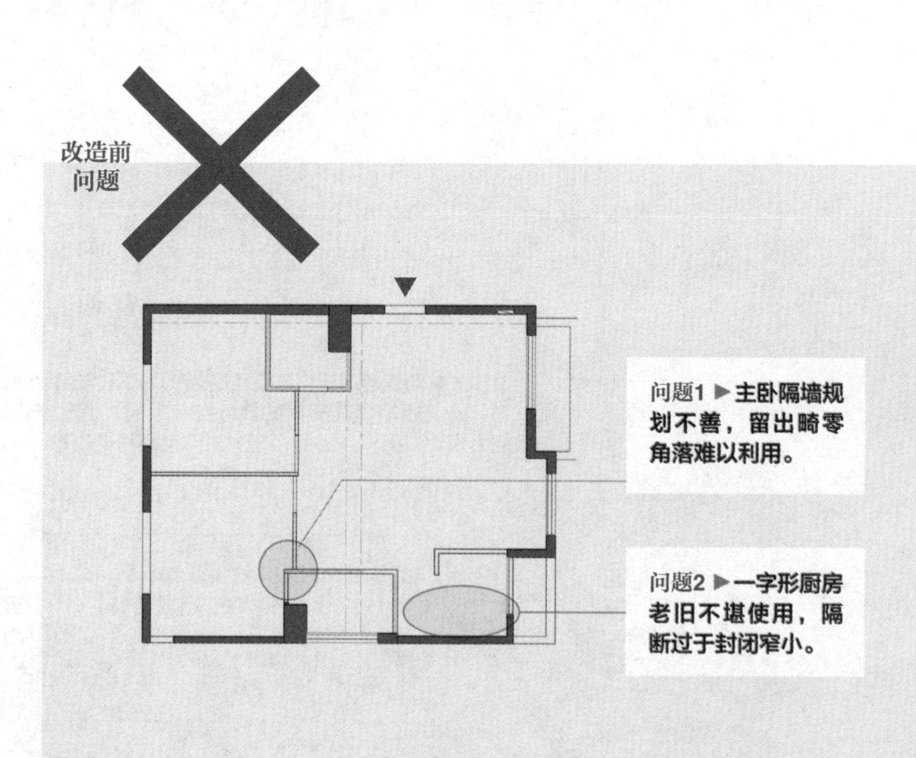

改造后 破解

破解1 ▶挪移卧室墙面，消弭畸零角落 两房墙面向后移，拉齐空间平面，借此消弭主卧与主浴之间的畸零区域。主浴入口改以推门设计，无需留出门片的旋转半径，使空间不显拥挤。卧室入口转向，巧妙隐于电视墙后方，有效地划分出公私空间的界线。

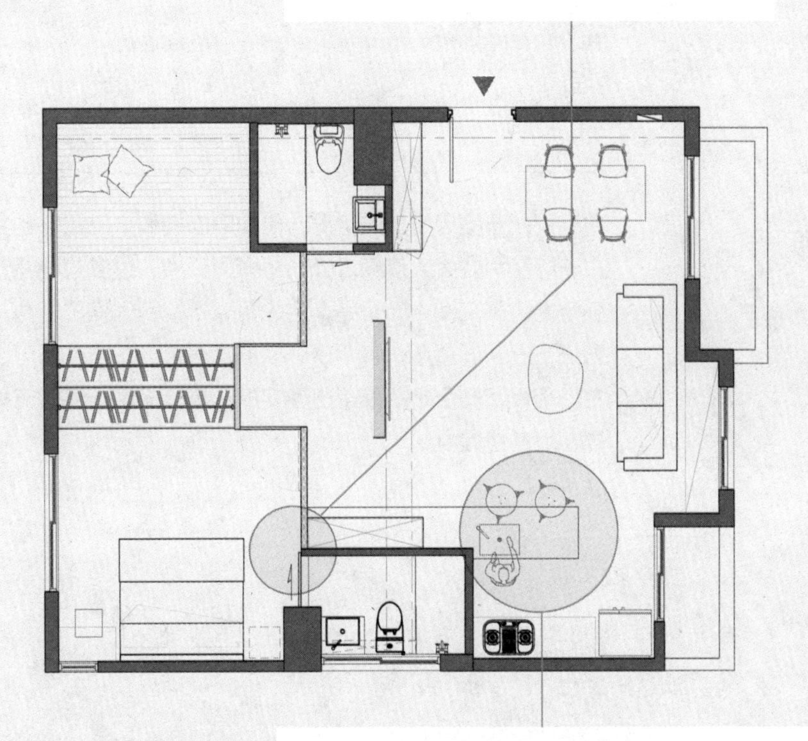

破解2 ▶厨房拆隔墙，公共空间更开阔 大刀阔斧地拆除墙面，改设中岛并内嵌水槽，形成双一字形的厨房设计，扩增备料区域。客厅、餐厅和厨房打通，形成宽广的公共空间，不论家人在哪都能看见，有效凝聚亲子间的情感。

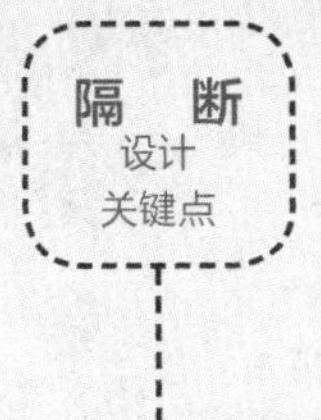

悬吊电视墙也能成为孩子的画板

将电视墙设于空间的中心，形成方便进出公私空间的回形动线。同时刻意采用悬吊的设计，通透的视野一览无遗，再加上电视墙背面选用特殊烤漆玻璃，可作为小孩发挥创意的画板，吸引小孩驻足。不论小孩身在何处，都能随时清楚其动向。

平面图破解 手法 3

□套房□挑高☑单层

回字形动线，共创人与狗共住的玩乐天堂

室内面积：56 m²
原始格局：两室两厅｜完成格局：一室两厅、开放式厨房
居住成员：2 人 +2 只狗

文／余佩桦 空间设计暨图片提供／千彩胤空间设计有限公司

原空间属于相当方正的格局，借助隔断墙划分出足够的使用环境，但由于除了两位大人使用之外，还有两只狗，过多的隔断使狗狗无法自在地游走于空间中。于是，首先将原本的两间房整合为一间作为私人区域，厨房、餐厅、客厅以开放形式呈现，串联公私区域的隔断墙以拉门取代，开合之间创造出回字形动线，无论人还是宠物都能愉悦、自在地身处其中。

改造前问题

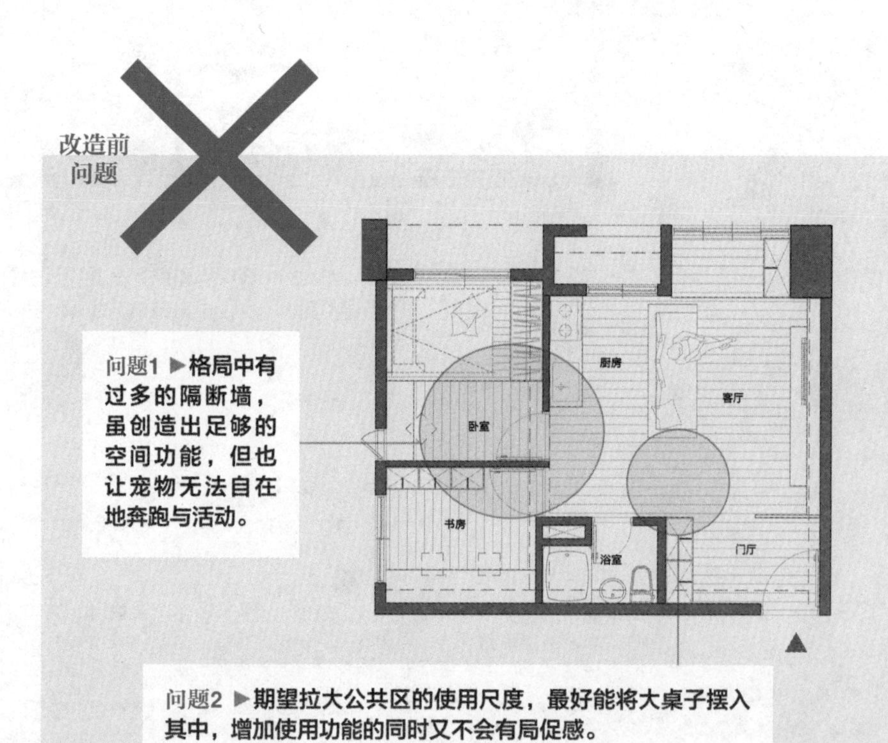

问题1 ▶格局中有过多的隔断墙，虽创造出足够的空间功能，但也让宠物无法自在地奔跑与活动。

问题2 ▶期望拉大公共区的使用尺度，最好能将大桌子摆入其中，增加使用功能的同时又不会有局促感。

改造后
破解

破解2 ▶**舍弃过多隔断，功能整合为一** 明确知道使用功能后，舍弃过多隔断并将功能整合为一，例如两室变为一室，客厅、餐厅、厨房整合在一起，有效地运用每一处空间，也彻底摆脱复杂隔断与封闭感。

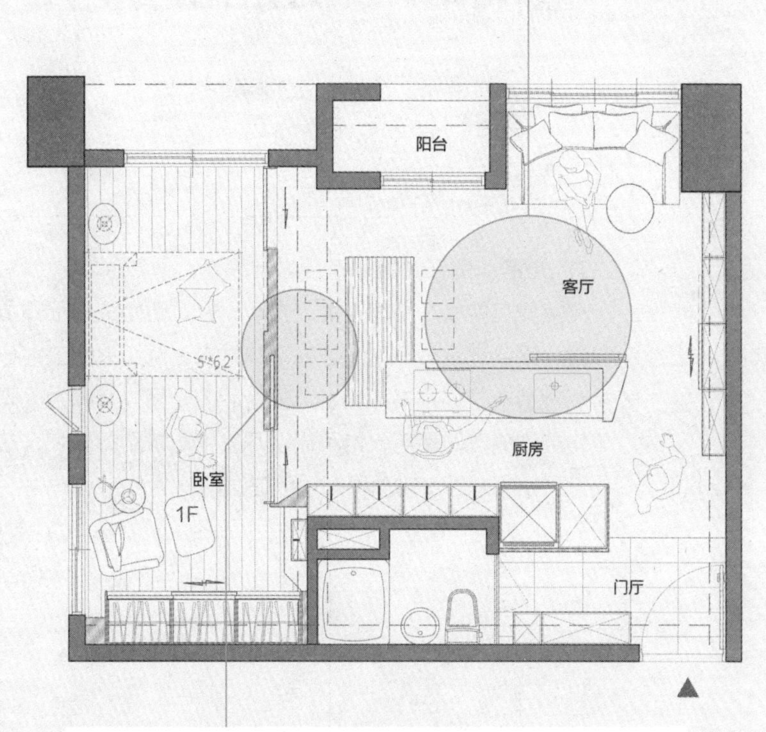

破解1 ▶**善用拉门创造具互动的环境** 公私区域之间以拉门作为分界，开合之间，既能维持空间的独立性与私密性，同时又能创造开放性，创造出无隔阂且能随时互动，大人与狗均可自在游走与玩乐的空间。

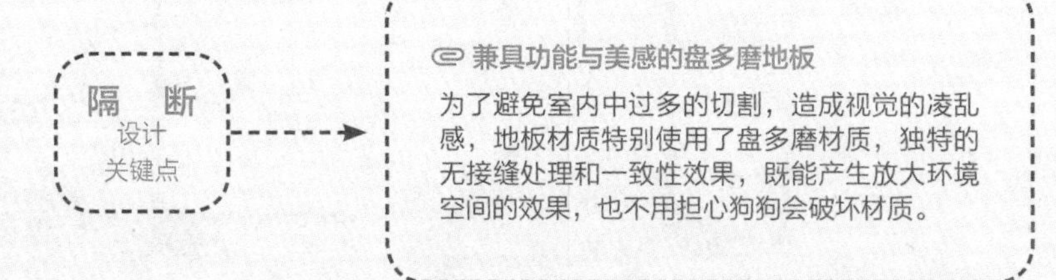

隔断
设计
关键点

兼具功能与美感的盘多磨地板

为了避免室内中过多的切割，造成视觉的凌乱感，地板材质特别使用了盘多磨材质，独特的无接缝处理和一致性效果，既能产生放大环境空间的效果，也不用担心狗狗会破坏材质。

平面图破解 手法 4

☐楼房 ☐挑高 ☑单层

弹性开放的空间连接，空间感与功能都加倍

室内面积：73 m²
原始格局：三室两厅 | 完成格局：两室两厅
居住成员：夫妻

文／许嘉芬 空间设计暨图片提供／甘纳空间设计

73 m²的新房在预售阶段便进行改变，虽然原本规划为三室，但其中两室实在狭小，厨房也太过封闭，针对新婚夫妻须预留儿童房及老人房，以及满足书柜、瑜珈练习的需求，两小室整合为一室，并利用隔断创造电视墙与书柜功能，整合后的一室以帘幔为区隔，既可做老人房或做瑜珈时使用，也可通过开放中岛餐厨的规划，让光线能洒满全室，空间感、使用面积都超乎想象。

改造后
破解

破解2 ▶卧室合并，隔断兼具电视墙功能 将两小间卧室予以合并，并利用隔断创造出电视墙功能，左右两侧采取玻璃折门作为房间入口，争取光线并延伸空间感。

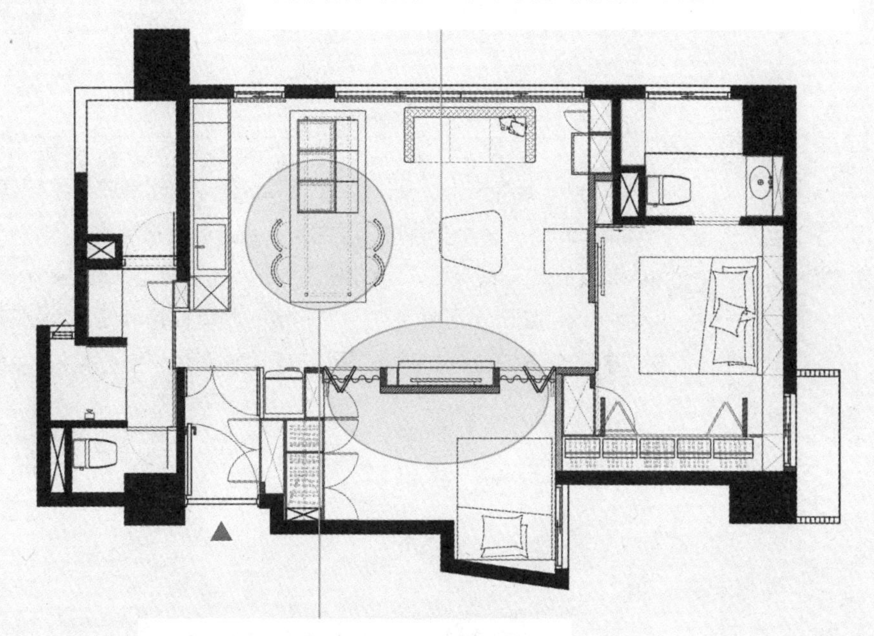

破解1 ▶中岛餐厨整合书柜收纳 狭窄的厨房被拆除后，以中岛餐桌与厨区做串联整合，好处是空间变大，更为明亮，同时中岛立面具有书柜功能，餐桌也可作为书桌、工作桌使用。

隔 断
设计
关键点

玻璃格子窗花延伸尺度与光线

利用玻璃元素，重新定义八角窗框且结合格子窗花，表现于门片立面上，借此创造小尺度的空间延伸，让既有的四面采光条件发挥至极。

平面图破解 手法 5

□套房 ☑挑高 □单层

空间向上延伸，打造宽敞的生活空间

室内面积：46 m²
原始格局：两室两厅｜完成格局：两室两厅
居住成员：夫妻 +2 个小孩

文／王玉瑶 空间设计暨图片提供／上阳设计 SunIDEA

看似两室一卫的格局，实际上隔出来的空间，却都过小不够使用，由于屋高3.6 m，设计师借此高度优势，将儿童房移至第二层，一楼主卧维持在2 m左右的高度，不妨碍空间感，儿童房虽只有1.4 m，但对年纪尚小的小朋友也足够了，原本一楼的两室被打通成一大间，卫浴则外推并改变入口位置，空间得以扩大，生活动线也更顺畅。

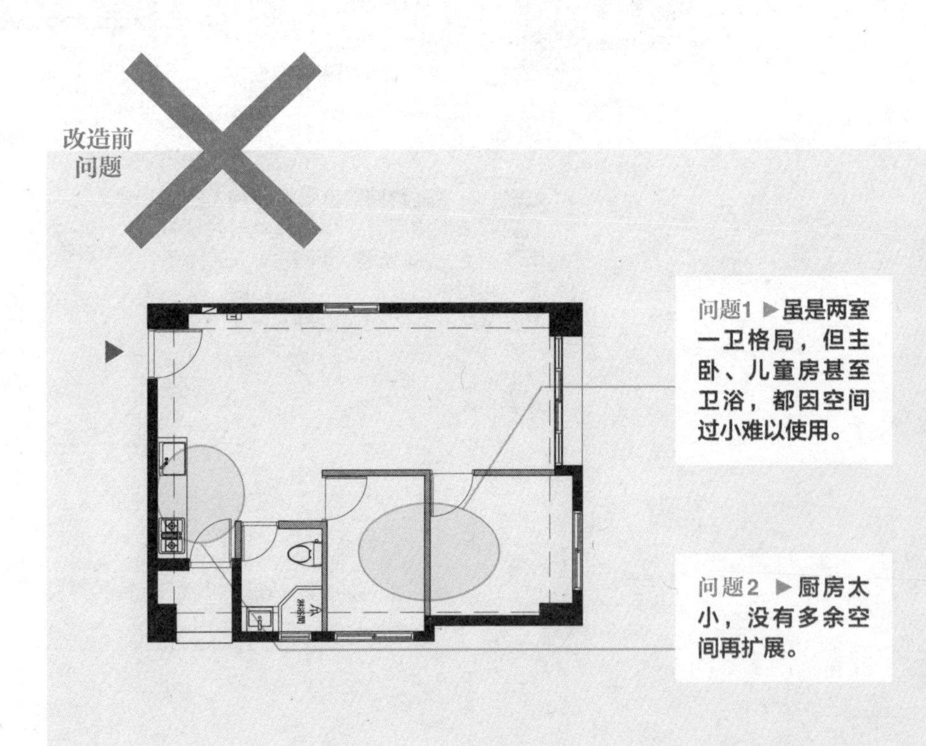

改造后
破解

破解2 ▶切角设计巧妙解决收纳 在邻近厨房的卫浴墙面做切角设计，将冰箱、电器柜嵌入切角位置，在无法扩大空间的情况下，有效解决了大型电器的收纳问题，也解除了厕所与餐区并列的窘境。

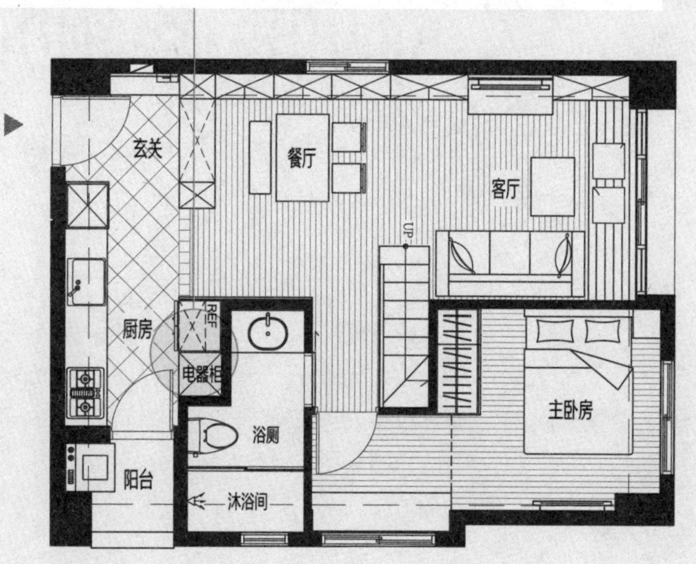

1F

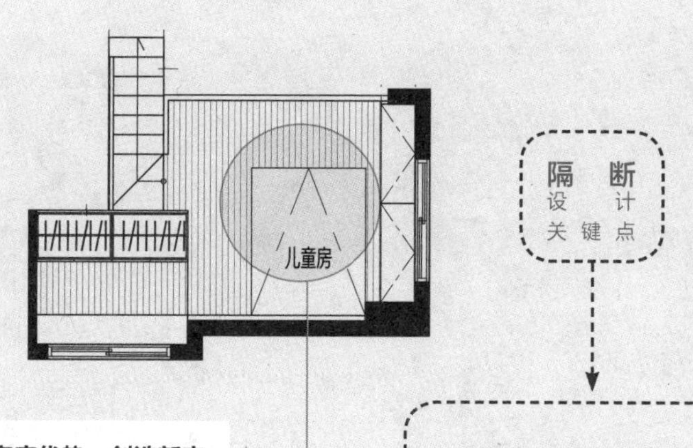

夹层

破解1 ▶善用高度优势，创造新空间 利用屋高3.6 m的优势，空间向上发展，并将儿童房安排在二楼，原本的两室被打通成为一大间，卫浴外推与主卧墙面拉齐，空间扩大的同时也修整了空间线条。

隔断设计关键点

地板材质界定空间，减少隔墙

太多隔墙会让小空间变得狭窄，因此以复古砖与木地板两种材质界定区域，维持视觉上的开阔感，也兼顾到不同空间清洁上的实用性。

平面图破解 手法 6

□套房□挑高☑单层

曲面线条，串联出流畅的使用脉络

室内面积：70 m²
原始格局：三室两厅｜完成格局：两室两厅、开放式厨房、书桌区
居住成员：1 人

文／余佩桦 空间设计暨图片提供／逸乔室内设计

原入口位置，正好介于客餐厅之间，若一分为二，相形之下电视墙的面宽会过于窄小，于是将客厅重心移位，并让电视墙以倾斜角度呈现，拉宽视野的同时巧妙地修饰柱体。斜角产生的曲面线条，再结合开放式的餐厅与厨房，整个公共区域变得宽敞明亮，也创造出流畅的使用动线。

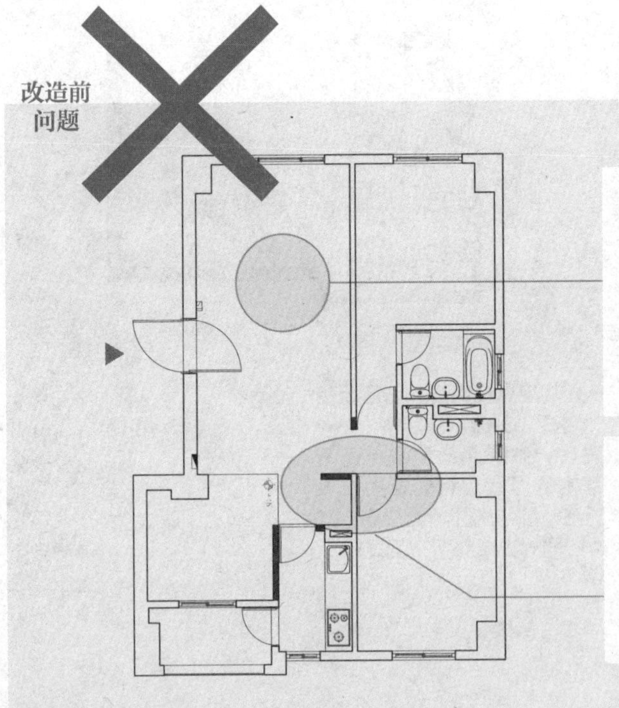

改造后
破解

破解2 ▶堆叠的线条化解畸零缺点　顺应倾斜的格局规划，产生出的折线线条，其中更富含功能上的巧思。如客厅区域的几何折线量体同时兼具工作桌与电视墙的功能，巧妙化解了客厅畸零视角的问题，也丰富了视觉。

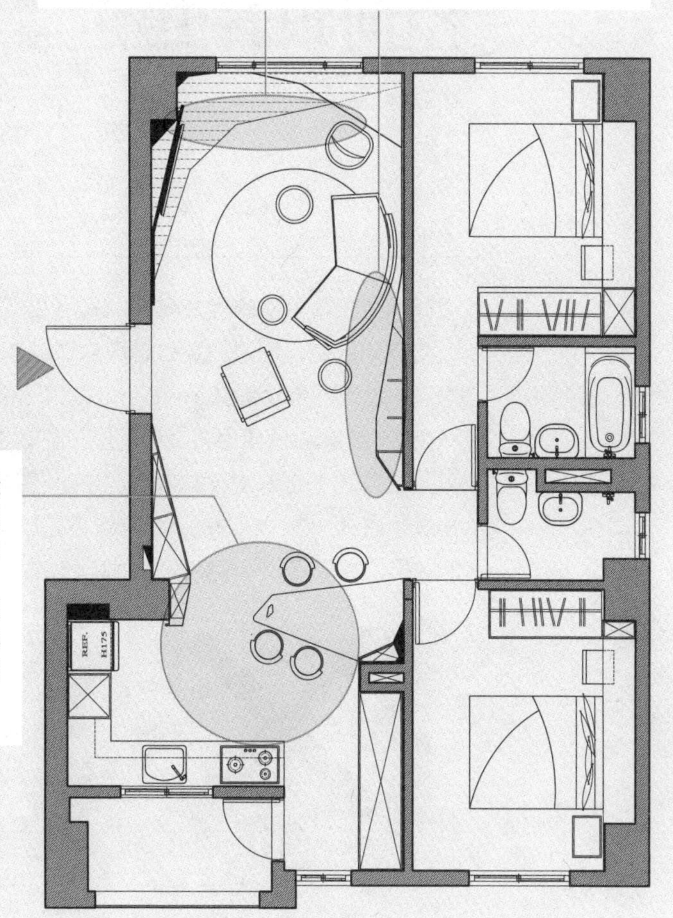

破解1 ▶移出厨房创造更舒适的生活　打掉原厨房的一道墙面，移动位置并改为开放形式，同时还加入不规则造型的吧台，除使动线变得更为流畅外，整体的采光也得到大幅改善。

隔　断
设计
关键点

镜面反射创造趣味视觉

空间面积不大，特别将入口侧边的柜体采用灰镜材质，放大空间之余，也借助折射效果，投射出迷人景象与趣味视觉。空间中除了挹注了芥黄，整体仍以黑白色系为主旋律，灰镜的运用也巧妙地与空间的低彩度调性相呼应。

平面图破解 手法 7

□套房□挑高☑单层

成员更迭，空间跟着更新

室内面积：**66 m²**
原始格局：**四室一卫** | 完成格局：**两室两厅、一卫、一阳台**
居住成员：**夫妻**

文／张景威 空间设计暨图片提供／璧川设计事务所

设计师将原本打通的老公寓3、4楼重做规划，位于楼上的楼层原为私密房间区域，现因为要做婚房需做翻新。以光线、动线“流动”为题，设计师将仅有66 m²的小公寓做了极大翻转。首先将有侵犯隐私之嫌的前阳台移至后方，让客厅与卧室顺势外推，自然光能肆意洒落，生活空间也得以拓展。而公共空间客餐厅则是开放设计，令前后光线通透；一进门相对的客厅与卧室，以玻璃做隔断，造成视觉放大的效果，并预留一间儿童房，为将来做准备。

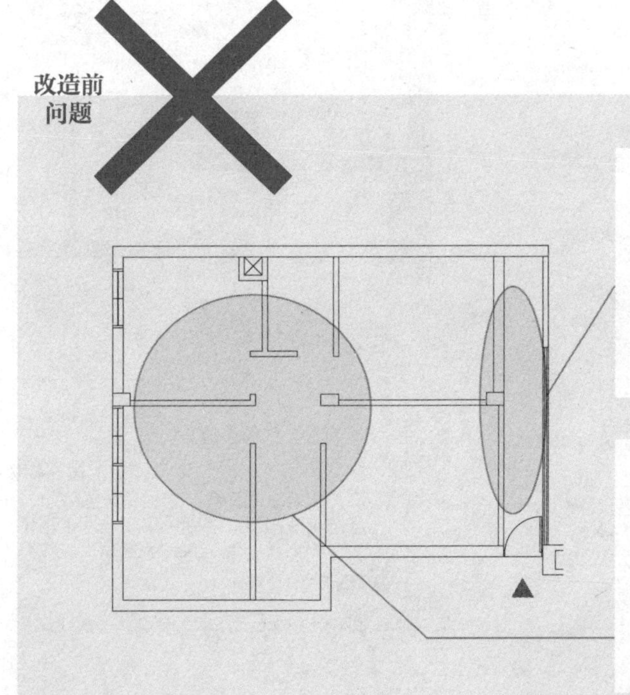

问题1 ▶**老公寓阳台位于前方，巷道窄小，晒衣服或是进出都会与对街打照面，缺乏隐私，也令光线难以进入，采光稍显昏暗。**

问题2 ▶**原本是一家人居住的老公寓3、4楼被打通，现在上下两层各分给两兄弟作为新房，以往隔断不适合新婚夫妻使用。**

改造后
破解

破解1 ▶阳台移位，拓展居住生活空间　将前方阳台移至后方，不仅视野变好，也消除了隐私被窥探的疑虑。客厅与卧室则顺势外推，拓展生活空间，自然光也能肆意洒落，采光更好。

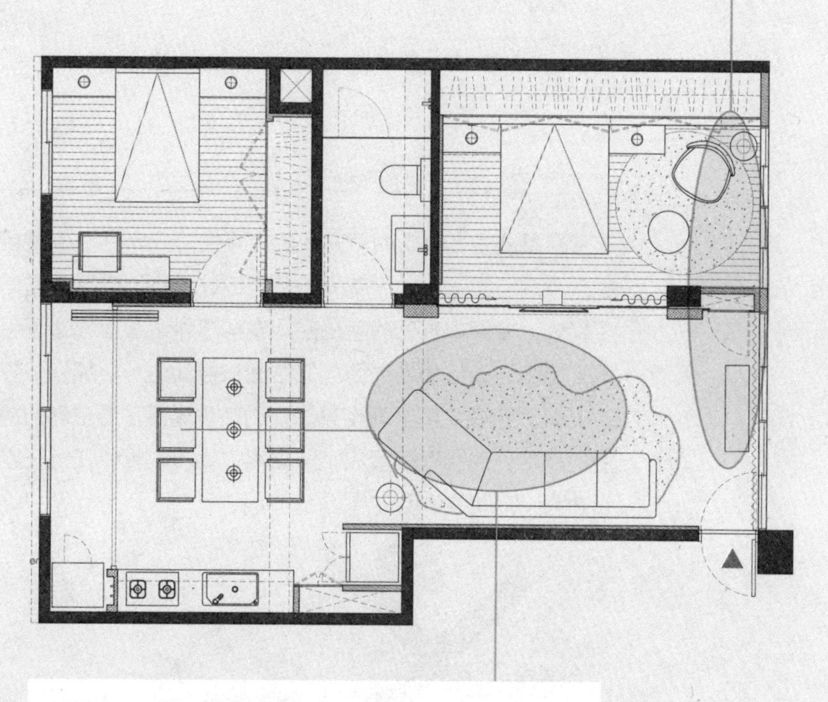

破解2 ▶开放、穿透隔断打造开阔视野　公共空间采取开放式隔断，令前后光线通透，动线更为直接。而客厅与卧室以玻璃做隔断，仅有66 m^{2}的小住宅，因为方正、视野开阔而让空间效果达到极佳效果。

玻璃隔断连接公私区域

主卧室与开放客餐厅空间以不同材质的地板做区隔，并以玻璃做隔断，视野高度无障碍而显得开阔，电视于客厅面向沙发嵌于玻璃墙上，背面则以画作装饰，不仅可以遮住杂乱的电线，也为空间增加艺术美感。如需要隐私时则可拉上窗帘确保私人空间。

平面图破解 手法 8

□套房□挑高☑单层

顾及习俗的换位思考，还原空间方正尺度

室内面积：53 m²
原始格局：两室两厅一卫一阳台｜完成格局：两室两厅、一卫、一阳台
居住成员：夫妻

文／张景威 空间设计暨图片提供／尔声空间设计

该项目是屋主在单身时就购入的二手房。三年后成家就将此公寓作为婚后小两口的新房。原有的格局和设计，为了破解开门见厕的格局筑了斜墙，令原本方正的室内空间变得歪斜；客厅也缺乏可放置电视的宽阔墙面。设计师将主卧与卫浴面积各让出一小部分，并使开门位置转90度，不仅化解了习俗禁忌，同时也满足了屋主想要拥有一面电视墙的梦想。而合理配置的收纳空间，将收纳量体在天花连成一体，是有效利用空间的体现。

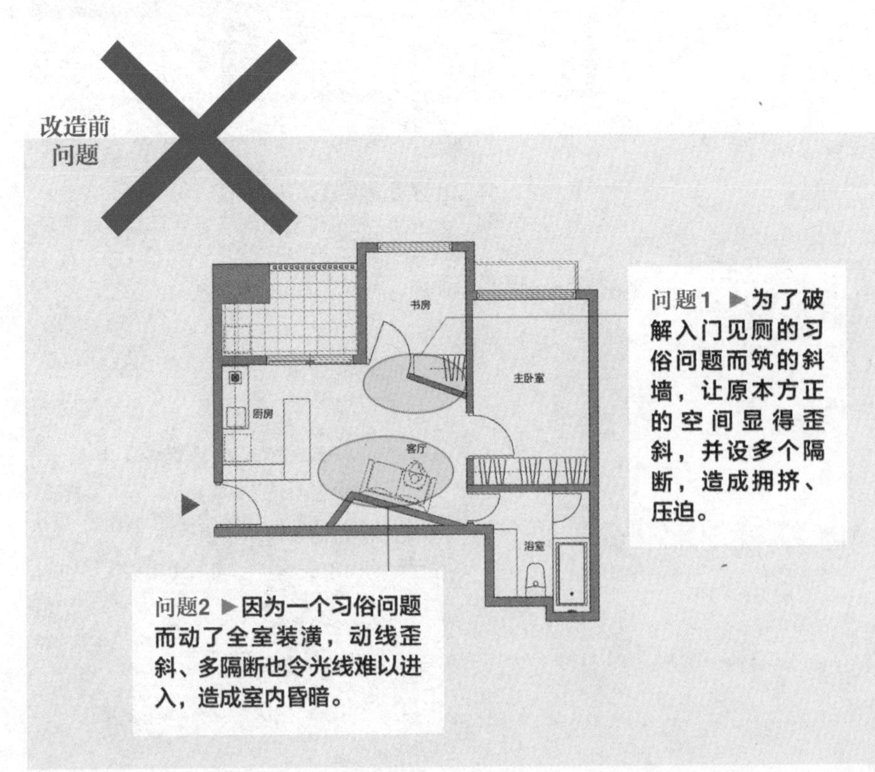

改造后
破解

破解1 ▶小让空间，却拥有开阔视野 主卧与卫浴面积各让出一小部分的空间，并将开门位置转90度，不仅化解了习俗禁忌，也还原房子原始的方正尺度，从视觉角度上看反而更加宽广。

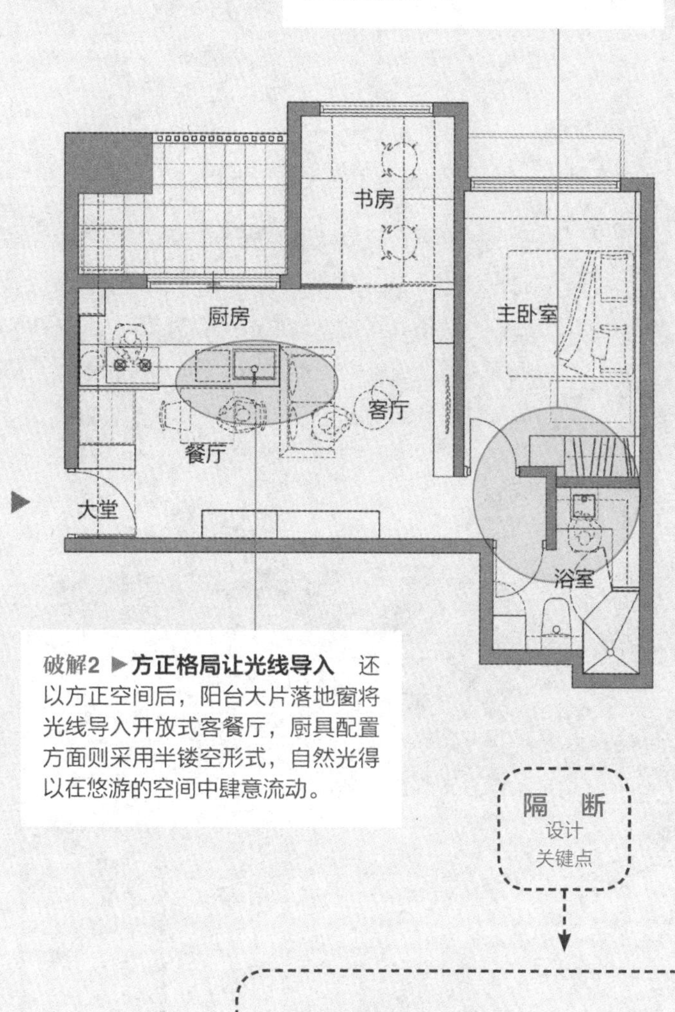

破解2 ▶方正格局让光线导入 还以方正空间后，阳台大片落地窗将光线导入开放式客餐厅，厨具配置方面则采用半镂空形式，自然光得以在悠游的空间中肆意流动。

隔 断
设计
关键点

拆除斜墙还原方正动线

设计师看穿原始格局，破解因一堵斜墙而造成的歪斜空间，并使用大片阳台落地窗使厨房通透，让小面积的开放空间更明亮。

平面图破解 手法 9

□套房□挑高☑单层

拆掉隔墙，获得完整厅区与明亮采光

室内面积：82.5 m^2
原始格局：三室两厅｜完成格局：三室两厅、书房、储藏室
居住成员：一家3口

文／王玉瑶 空间设计暨图片提供／耀昀创意设计

老旧长形屋，只有两边采光，隔断过多不仅不符合屋主家庭需求，同时也将唯一的采光挡住，造成屋里阴暗。设计师将一墙拆除引入光线，同时借此重整，让空间得以有效利用，因拆掉一房而形成完整的墙面，顺势打造成延伸至餐厅的超长收纳墙，解决原屋缺乏收纳、老屋梁柱过多的问题。

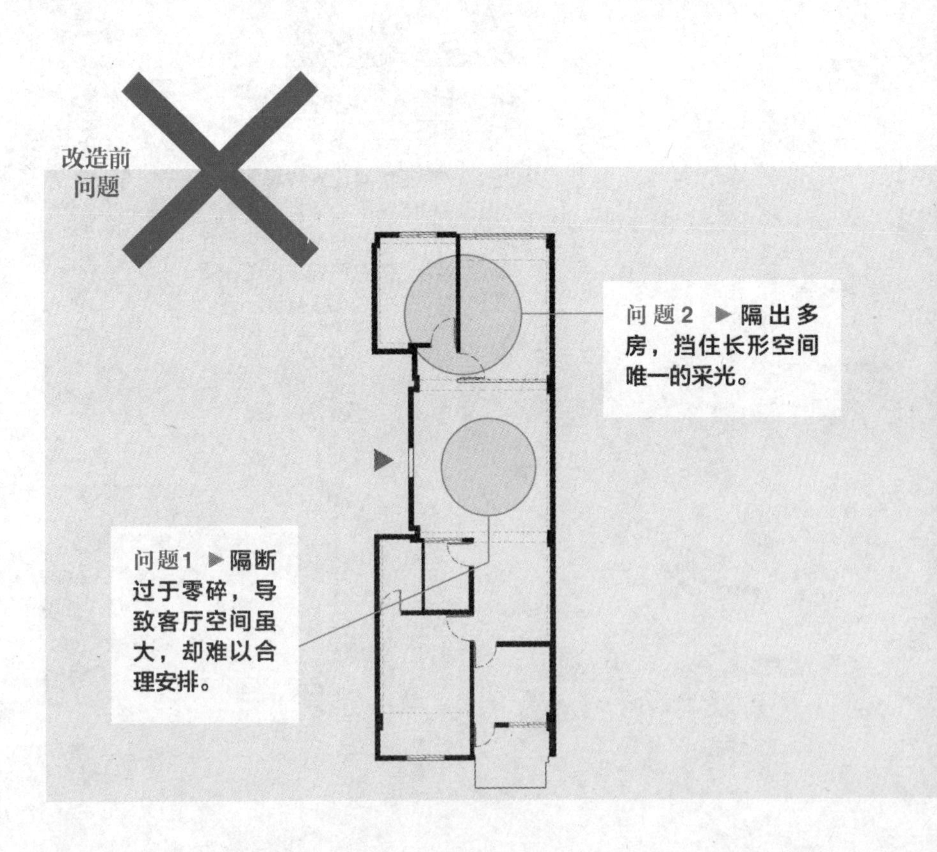

改造后
破解

破解1 ▶空间挪移，形成完整主空间 原本难以安排的客厅空间，因打掉一室，另一房房门改向，客厅空间得以挪移至更适当的位置，空间变得方正好安排，也可规划出电视主墙。

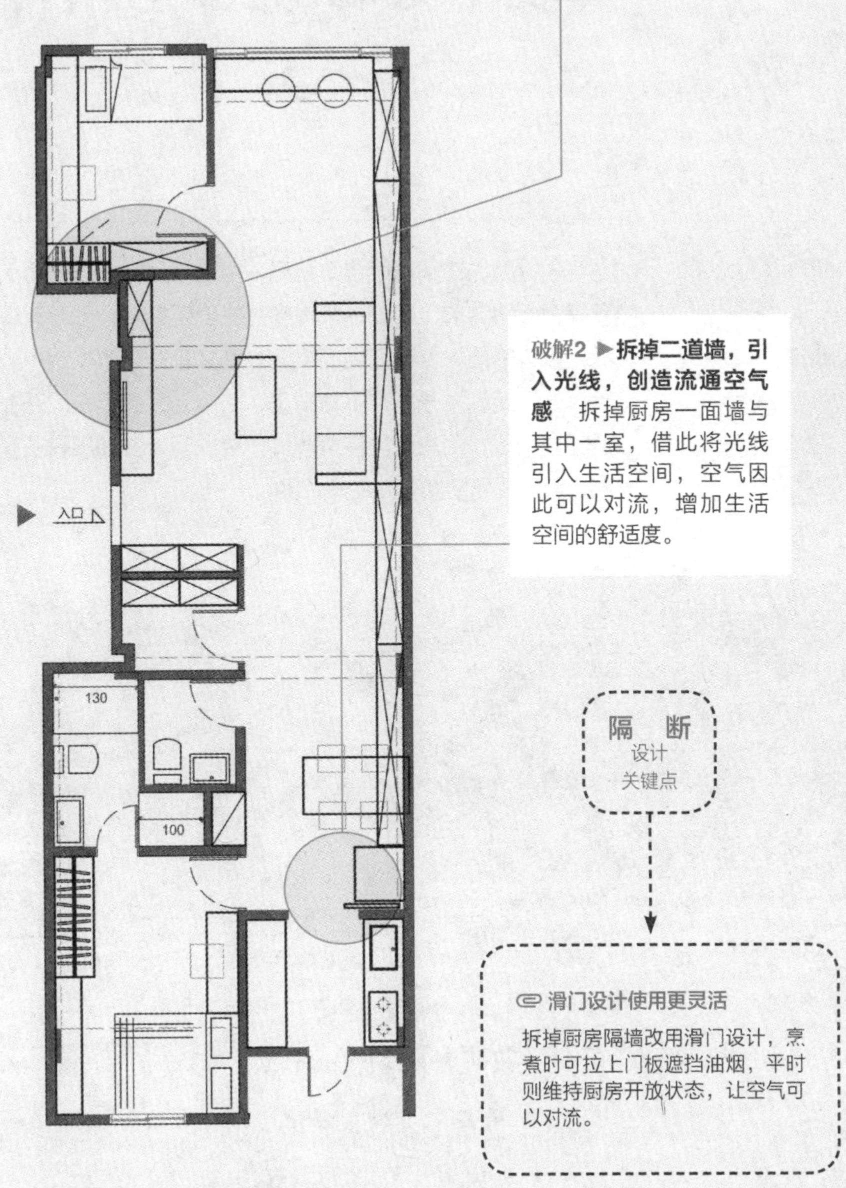

破解2 ▶拆掉二道墙，引入光线，创造流通空气感 拆掉厨房一面墙与其中一室，借此将光线引入生活空间，空气因此可以对流，增加生活空间的舒适度。

隔 断
设计
关键点

滑门设计使用更灵活

拆掉厨房隔墙改用滑门设计，烹煮时可拉上门板遮挡油烟，平时则维持厨房开放状态，让空气可以对流。

平面图破解 手法 10

□套房□挑高☑单层

打破阴暗，功能微调，单身、小家庭都适用

室内面积：82.5 m²
原始格局：三室两厅｜完成格局：两室两厅、更衣室
居住成员：单身男子

文／黄婉贞 空间设计暨图片提供／禾郅室内设计

住宅是完整的三室两厅传统格局，男主人目前只有一个人住，现状并不符合使用需求，但设计师考量屋主已届婚龄，凡事皆有可能，选择保持原有格局，仅进行局部微调。首先打开导致住宅中心昏暗的独立厨房，将其转为开放式中岛形态，与相邻客餐厅形成开放互享的居家酒吧享乐区；此外直接将房间转作更衣间，合并原有主卧更衣室与卫浴，构筑成可慵懒享受的水疗池。

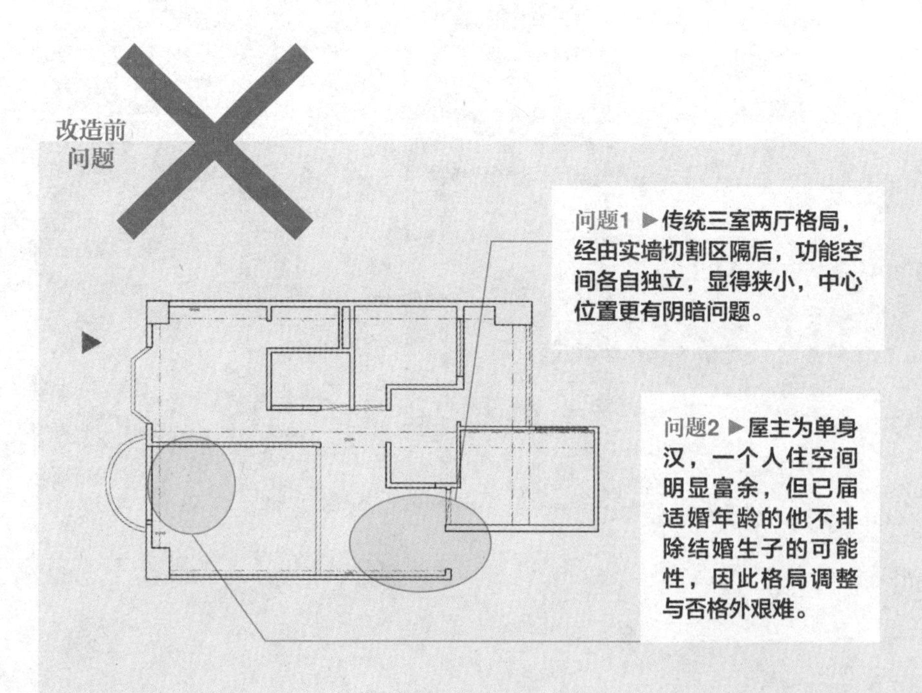

改造后
破解

破解1 ▶**格局微调让生活更享受** 设计师大致保留原有格局，维持随时依照需求变化的弹性留白空间。最大的变动就是合并、放大主卧卫浴，规划奢华水疗池，其余则是缩减沙发背景墙，将与餐厅相邻房间暂时改为更衣间等软性调整。

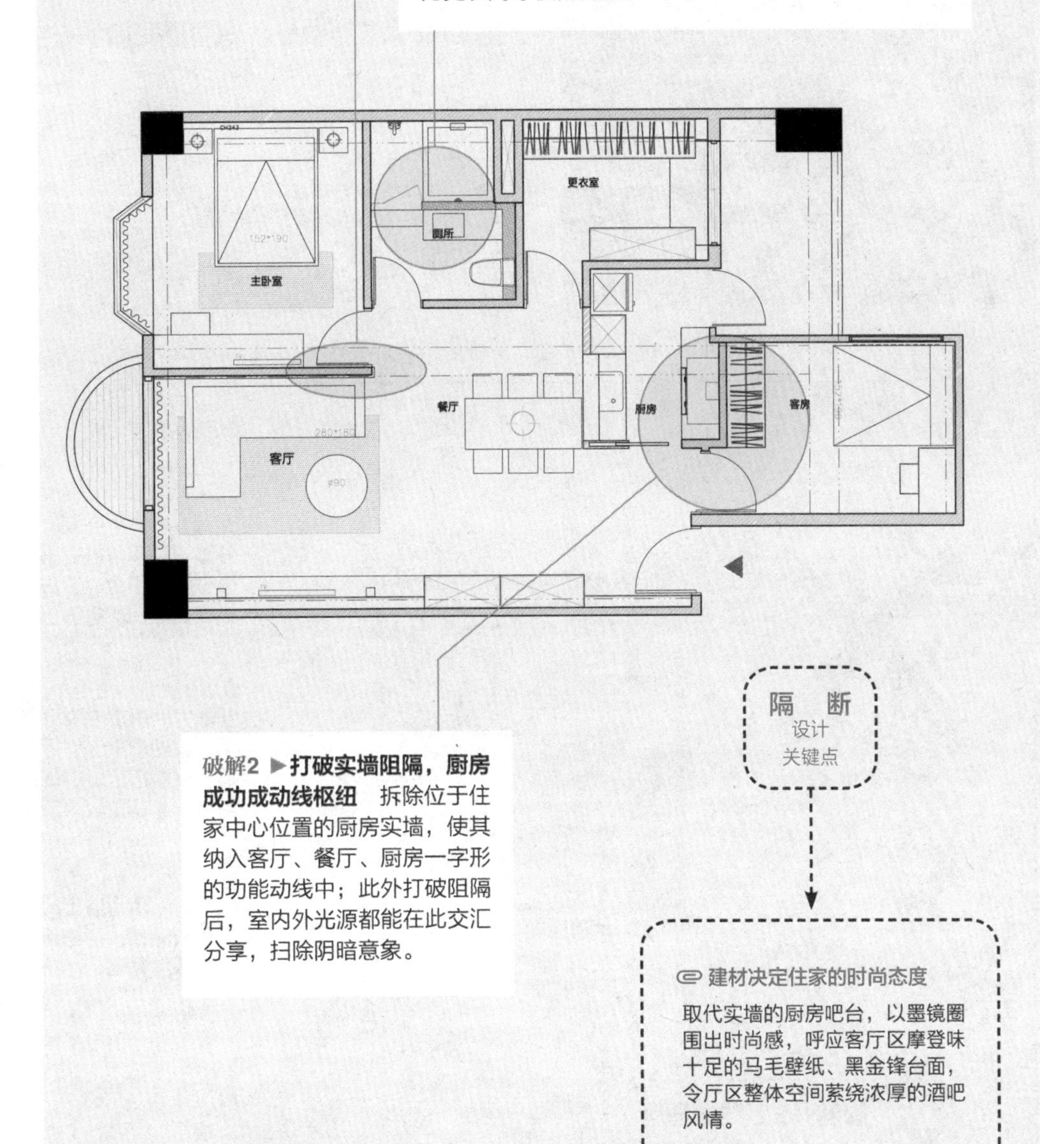

破解2 ▶**打破实墙阻隔，厨房成功成动线枢纽** 拆除位于住家中心位置的厨房实墙，使其纳入客厅、餐厅、厨房一字形的功能动线中；此外打破阻隔后，室内外光源都能在此交汇分享，扫除阴暗意象。

隔 断
设计
关键点

建材决定住家的时尚态度

取代实墙的厨房吧台，以墨镜圈围出时尚感，呼应客厅区摩登味十足的马毛壁纸、黑金锋台面，令厅区整体空间萦绕浓厚的酒吧风情。

实例解析 1

□套房□挑高☑单层

隔断与动线整合的大尺度生活空间

给爱阅读的两人，有如咖啡厅般的氛围

室内面积：73 m²
原始格局：**三室两厅两卫**
规划后格局：**三室两厅两卫、储藏室**
居住成员：**夫妻**
使用建材：**超耐磨地板、涂料、瓷砖、铁件、石板砖**

文／许嘉芬 空间设计暨资料提供／实适空间设计

改造前
问题

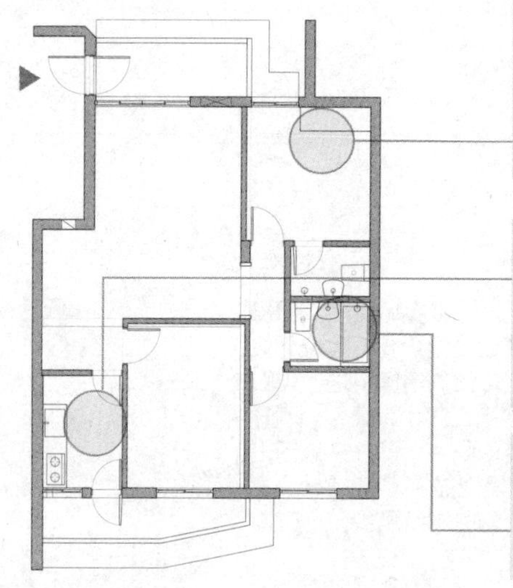

问题1 ▶**各个空间被切割分散，空间感被局限，每个空间都不大，且产生许多浪费空间的走道。**

问题2 ▶**厨房空间非常狭小，收纳量不足，冰箱被迫放在餐厅区域，使用相当不便。**

问题3 ▶**两间浴室同样碍于面积问题，使得设备的配置非常局促、拥挤。**

隔断+家庭成员思考

调整空间使用
开放之中保有隐私的规划

屋主为新婚夫妻，以两人居住使用、预备儿童房间为主要考量，夫妻俩非常喜欢阅读及音乐，因此并不需要电视墙及电视的规划，另外男主人也希望能拥有独立且具私密性的书房，如何在开放之中保有隐私是规划的思考之一。再者，两人对于卫浴空间也都抱有维持客浴、主浴的划分为佳的心理。

破解1 ▶**墙面退缩争取空间感**　公共区域维持在开放的架构之下，主卧室隔断些微的退缩与儿童房门的变动，争取到较为舒适的空间感。

破解2 ▶**缩减书房、拉大餐厨**　除了把厨房隔断拆除，通过相邻书房的缩减尺度，拉长了近乎一倍的厨房台面外，更放得下六人用餐桌。

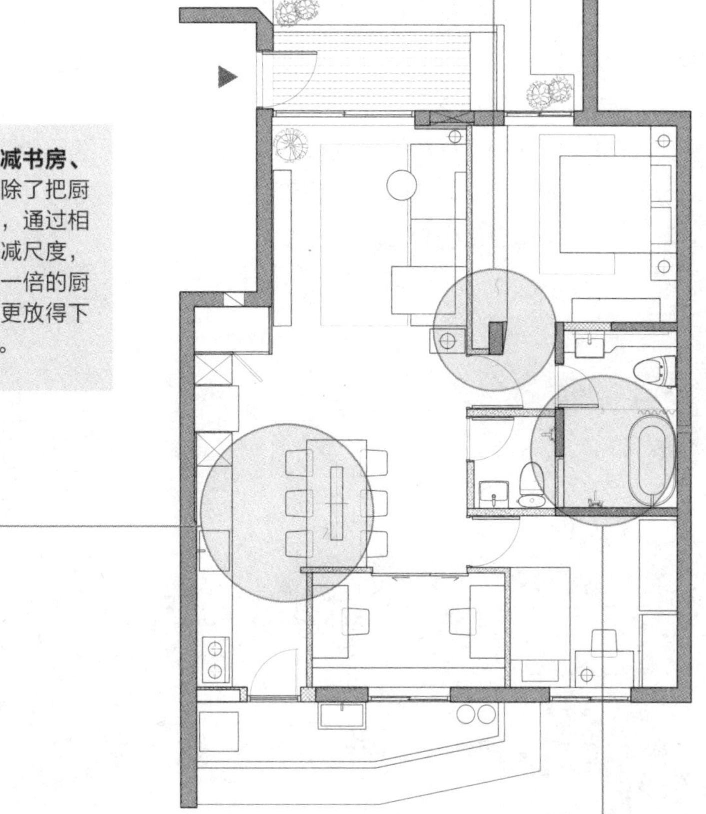

破解3 ▶**纳入走道，放大主浴**　将仅作为走道的空间作为浴室放大的机会，加上主卧室门的转向，主浴就能拥有完善的干湿分离配置，甚至淋浴、泡澡两者皆备。

改造关键点

1. 重新分配公、私区域的空间比例，将紧邻厨房过大的房间，缩至适合作为书房使用。
2. 公共区域通过格局整合，动线与使用的结合，可以看到空间最长的两边，将空间感放到最大。
3. 利用隔断的调整，增加空气对流、引进光线。

好隔断清单

- □主卧室隔断墙只要些微的退缩，加上房门转向设计，就能增加一整排的大衣柜收纳。
- □以横向规划的书房利用拉门与厅区连接，中段改为裂纹玻璃，上下则是清玻璃，让光线穿透又有足够的私密性。
- □利用客厅、厨房墙面所产生的结构落差，巧妙创造出储藏室功能。

室内73 m²的30年老屋，屋主是一对年轻夫妇，喜欢看书、听音乐，一开始便对设计师表明不需要电视，并希望家是可以好好放松休息、慵懒地待在每个角落的地方。因此除了隔断调整，增加空气对流、引进光线外，公共区域也经由开放整合，达到了放大空间的效果。在材质与色调的运用上，使用自然材质表现原始样貌，减少白色的运用，沙发背景墙为灰色，主卧室是绿色，厨具则采用黑色与木纹色、白色瓷砖的配色，让空间有自己的个性。

▶铁件书墙释放空间深度

为喜欢看书的夫妻俩所打造的书墙，铁件构成的格子状语汇，淡化了柜体的沉重感，也成为空间独一无二的焦点。

▶调整隔断换取开阔大餐厨

将原本不合理的书房尺度缩减并改为横向结构，厨房得以延展台面的长度，并发展出完善的电器柜、冰箱与储藏室，而餐厅也拥有配置六人用的餐桌格局。

位于餐厅旁的书房，将隔断改为玻璃拉门设计，一方面可增加亮度，另一方面也能保有视觉的延伸放大，而拉门中段部分特意使用裂纹玻璃，倘若未来变更为儿童房使用，亦兼具私密性。

有别于一般间接灯光总是围绕天花板的方式，此处于沙发上端的天花板做出一道利落的灯槽设计，除了能给予照明、加强氛围外，线条的延伸更令空间尺度再度被拉大。

有别于淋浴门的设置，主卧卫浴采用浴帘方式区隔干湿区，空间少了门的界定更感宽敞、舒适，加上白色瓷砖铺陈带来明亮感，化解没有采光的缺点。

为给予屋主一个能真正放松的睡寝环境，主卧室没有多余繁复的设计或材质运用，只简单选择了稳重的绿色调，配上白色素雅的寝具，令人忘却所有烦恼。

▶简单宁静的卧室用色

立面设计思考

思考1. 自然质朴的石板砖墙
为呼应整体以自然素材为主的空间氛围，餐厅主墙选择有如空心砖般的灰色质朴石板砖贴饰，比起空心砖的施作更简单，同时也因为本身尺寸带来丰富的视觉效果。

思考2.是展示也是收纳的书墙
由于客厅深度略微缩减，书柜特别选用以白色处理的铁件打造，通过清爽的色调与利落、镂空的线条降低压迫感。更有意思的是，设计师定制了有木纹、粉红、柔和黄等的收纳盒穿插其中，不仅让物件的摆放更整齐、更有层次，还能根据需求决定是否开放或封闭。

▶好收纳又舒爽的木质洗手台

原本几乎只有小小面盆可供使用，在空间尺度调整后，主卧卫浴拥有一道长形洗手台，利用功能的分割设计，更显干净利落，温暖的木质基调也与业主的要求相吻合。

实例解析 2

☑单层

复古工业风格极致展现

双主动线打造两人亲密却隐秘的生活世界

室内面积：83 m²
原始格局：三室两厅
规划后格局：两室一厅三卫
居住成员：2 人
使用建材：黑铁、水泥粉光、桧木、实木、不锈钢、皮革

文／张景威 空间设计暨资料提供／璧川设计事务所

改造前问题

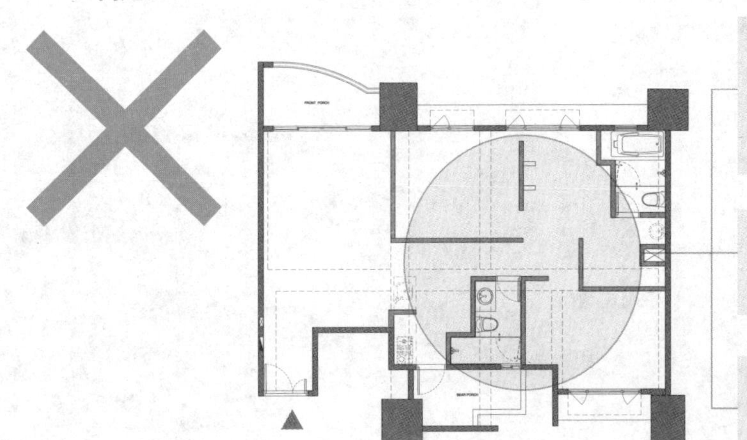

问题1 ▶开发商标配的三室两厅空间利用率不佳，并且不适合目前屋主与母亲的居住需求。

问题2 ▶想要拥有更隐秘的个人空间。

问题3 ▶服饰业的男主人，需要许多收纳空间。

隔断+家庭成员思考

双主动线，紧密又具隐私的母子生活

30岁单身的男主人与母亲一起居住，因为其平日好客并喜欢邀请朋友到家中小酌，设计规划时在屋内设计双主动线，除了公共区域外，与母亲有各自的出入通道，让母子能享有紧密又具隐私的生活空间。

改造后
破解

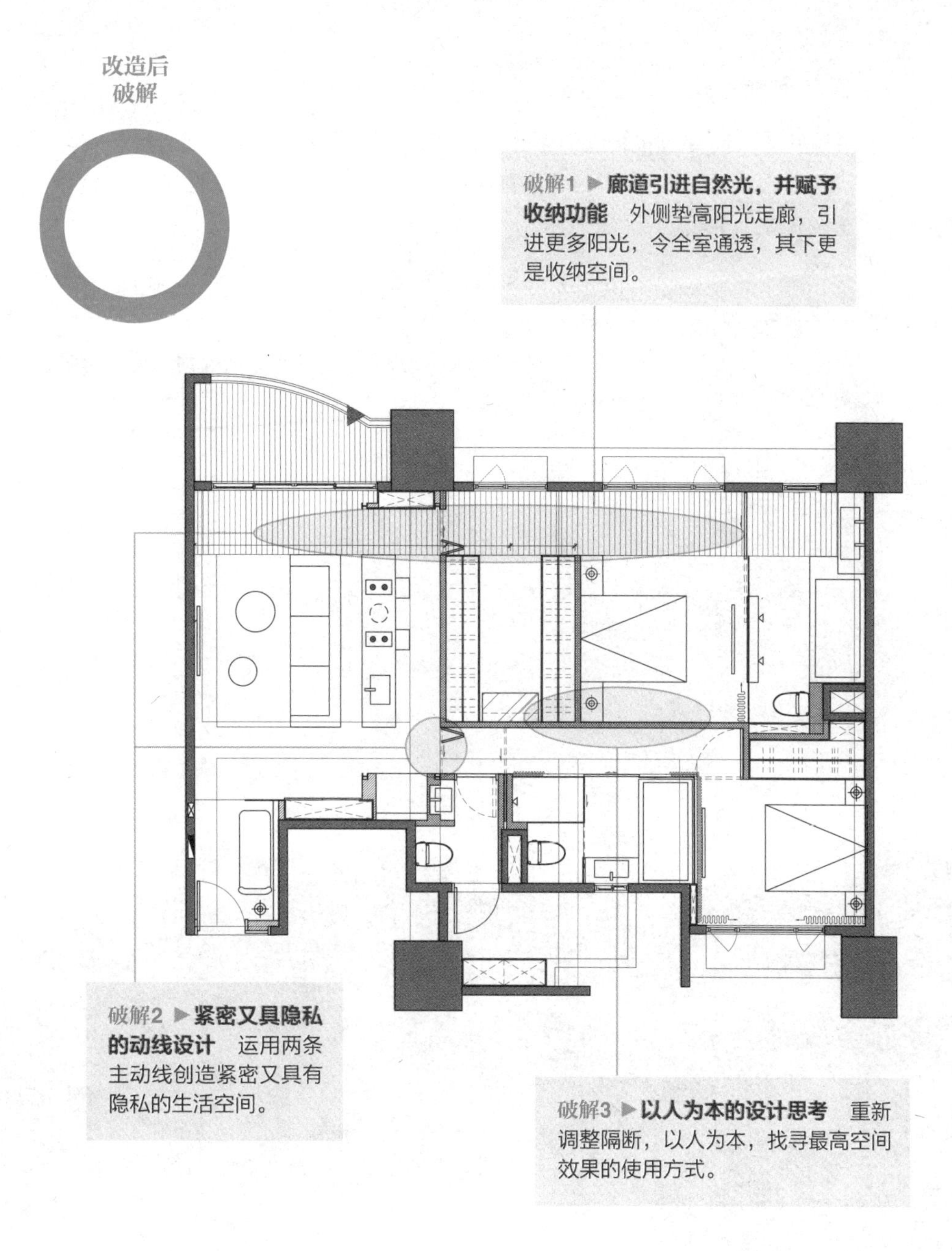

破解1 ▶**廊道引进自然光，并赋予收纳功能** 外侧垫高阳光走廊，引进更多阳光，令全室通透，其下更是收纳空间。

破解2 ▶**紧密又具隐私的动线设计** 运用两条主动线创造紧密又具有隐私的生活空间。

破解3 ▶**以人为本的设计思考** 重新调整隔断，以人为本，找寻最高空间效果的使用方式。

改造关键点

1. 巧妙运用动线将房子一分为二，创造亲密却不互相干扰的独立空间。
2. 阳光走廊除了增加第二动线，也让阳光全面洒落，让灰黑色调的内装于不同时间幻化不同景色。
3. 以餐厅吧台为公共区域端景，无电视干扰的客厅更是以无方向性设计令来小聚的宾客得以放松。

好隔断清单

□移除多余隔断，调整格局，打造母子亲密却又自在的生活空间

□两条主动线的规划，令两人生活拥有隐私

□透明隔断，光线穿透视野更广阔

30多岁的男屋主从事服饰业，个性鲜明的他对穿着及空间也有着强烈的美学坚持，设计师基于居住者的性格，以“黑暗骑士”为舞台为其打造了这个黑色诡谲的神秘空间。

全室83 m²除了男主人外还有母亲与其同住，虽然全室趋于工业风，以水泥做地面与钻石切角水泥吧台、厕所洗手台面等，并使用定做五金与沙发家具，仿旧老件五金、开关面板、二手复古灯具做搭配，外表虽然粗犷，但温润细腻的触感与阳光洒落的明亮空间令女性也能欣然接受。

▶以工业气息打造“黑暗骑士”风格

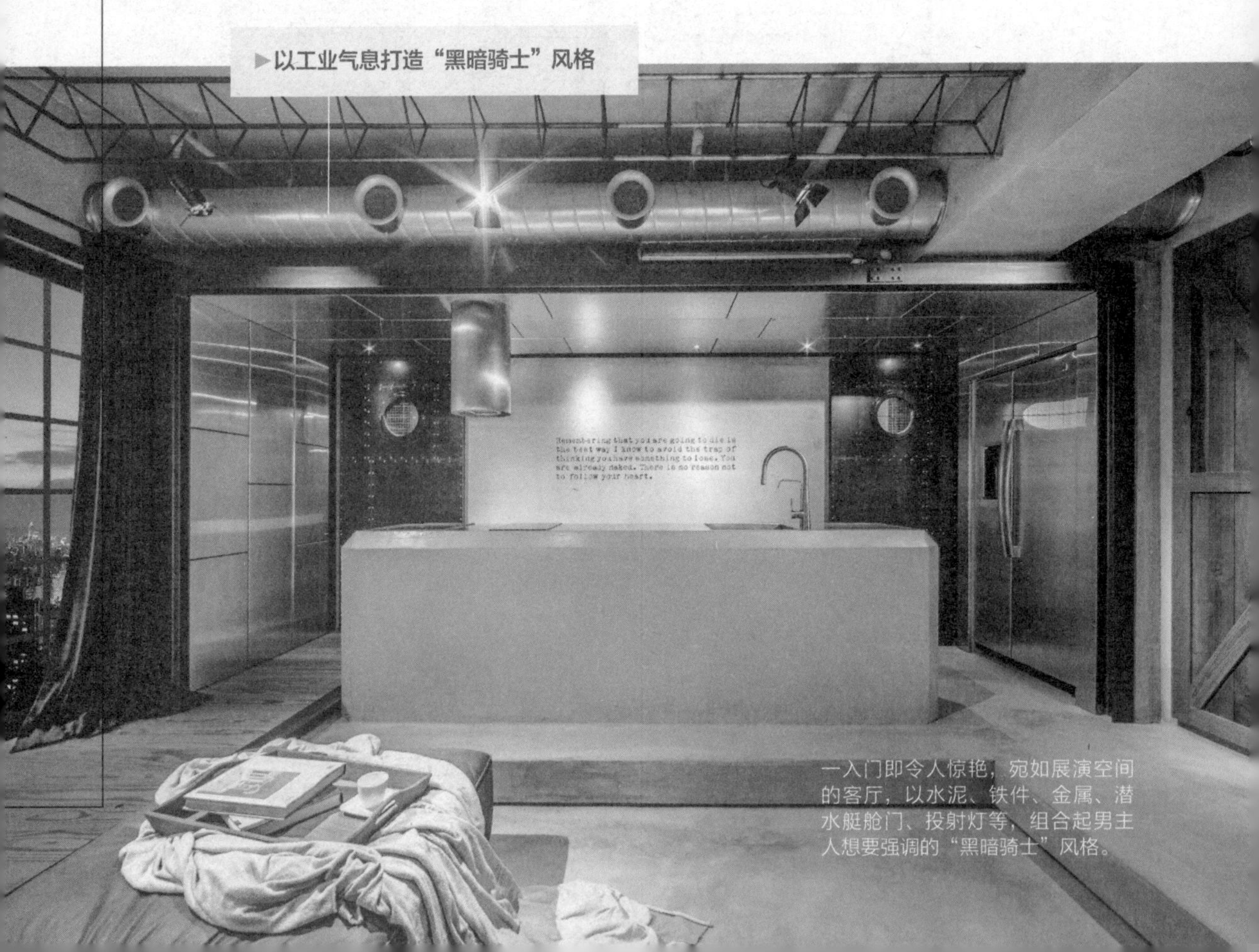

一入门即令人惊艳，宛如展演空间的客厅，以水泥、铁件、金属、潜水艇舱门、投射灯等，组合起男主人想要强调的“黑暗骑士”风格。

客厅内的木头材质搭配咖啡色皮革沙发减少黑灰色系带来的压迫感，而往下一阶的设计，台阶与廊道形成另类茶几。

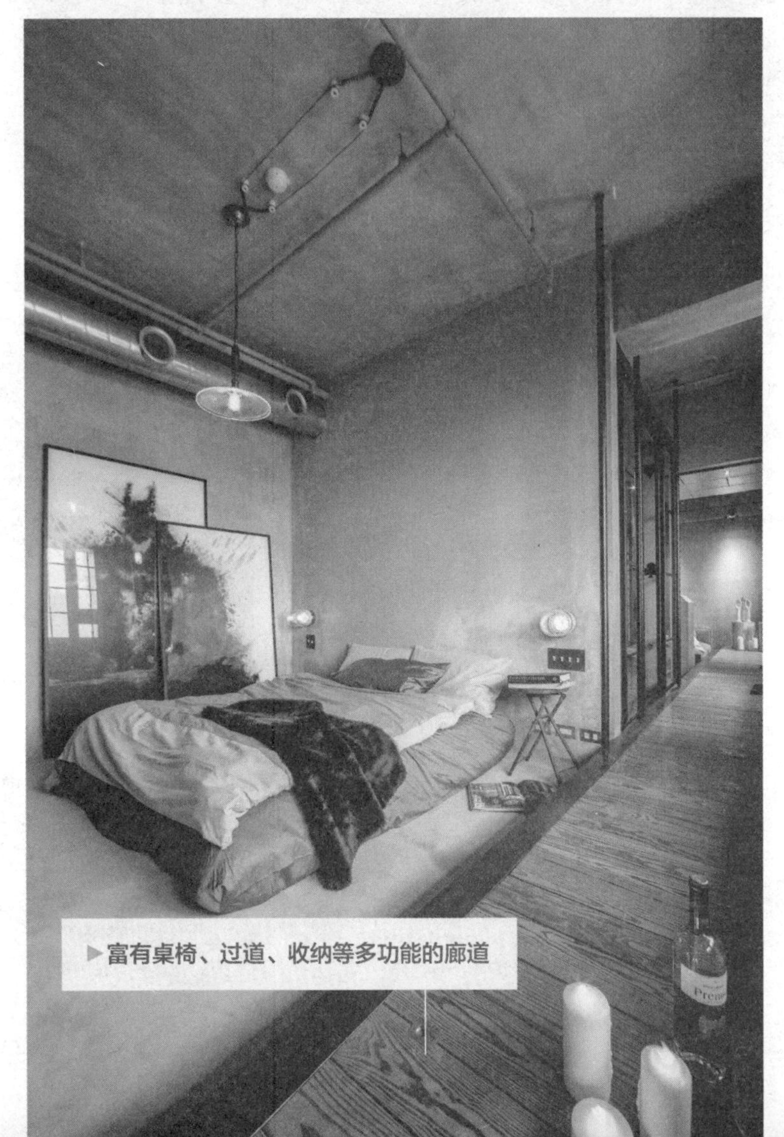

从客厅到卧室空间，采取开放式设计。有一定高度的廊道拥有多重功能：在客厅是茶几，作为过道还兼具收纳功能。

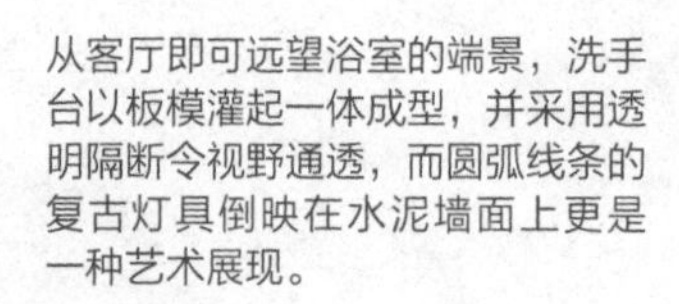
从客厅即可远望浴室的端景，洗手台以板模灌起一体成型，并采用透明隔断令视野通透，而圆弧线条的复古灯具倒映在水泥墙面上更是一种艺术展现。

▶大处到细节都体现复古情境

喜爱古道具的男主人，在家中的每个角落都布置上精挑细选而来的二手家具，展示极为细腻的复古工业氛围。

立面设计思考

思考1. 无方向性的客厅改变对聚会场地的想象

没有电视是客厅最大的特色，入口玄关连接就地而起的厨房吧台呈现开放式规划，而沙发区域降一阶，不需要茶几摆放，将杯子、书籍放在水泥地上，甚至家中朋友拜访人数一多，也可随意坐到地面上，无方向性的设计令人对客厅有另种想象。

思考2. 讲究到铰链的设计细节

从事服饰业的屋主，秉持着对传统工艺的热爱与对车缝细节的讲究，在屋内各处如蝴蝶铰链、日式榫接等都能看到往日经典技术的再现，让传统与现代完美结合。

从事服饰业的男主人将更衣室设计得宛如店内空间，并将喜爱的品牌镶嵌于地坪上，让生活各处都充满对服饰的爱。

▶宛如展厅的更衣室

实例解析 3

□套房□挑高☑单层

舍弃过多琐碎隔断，创造更开阔的格局

纯白、原木，打造一人专属的无印风居家

室内面积：70 m^2
原始格局：三室两厅
规划后格局：一室两厅
居住成员：单人
使用建材：水泥、木纹地砖、实木、木皮、硅酸钙板、皮革纹砖、美耐板

文／余佩桦　空间设计暨资料提供／文仪室内装修设计有限公司

改造前
问题

问题1 ▶原空间为三室两厅格局，过多空间配置，不适合单人居住需求。

问题2 ▶空间中有许多隔断墙，所产生的阻断关系，无法凸显空间效果。

问题3 ▶每个小空间都有独立开窗，但无法呈现全室明亮的效果。

隔断+家庭成员思考

调整空间比例
打造适合单人生活的空间

由于屋子为单人使用，通过调整格局方式，换得比例较为平衡的空间，另外也适度拆除一些隔断墙，整体空间减少因实墙阻隔而使视觉效果中断的情况，公共区域部分能尽收眼底，而私人区域部分也能更加完整。

破解1 ▶拆一墙享有舒适尺度 空间采取整合功能方式重新调配格局，让公私区域都能有最舒适的尺度。

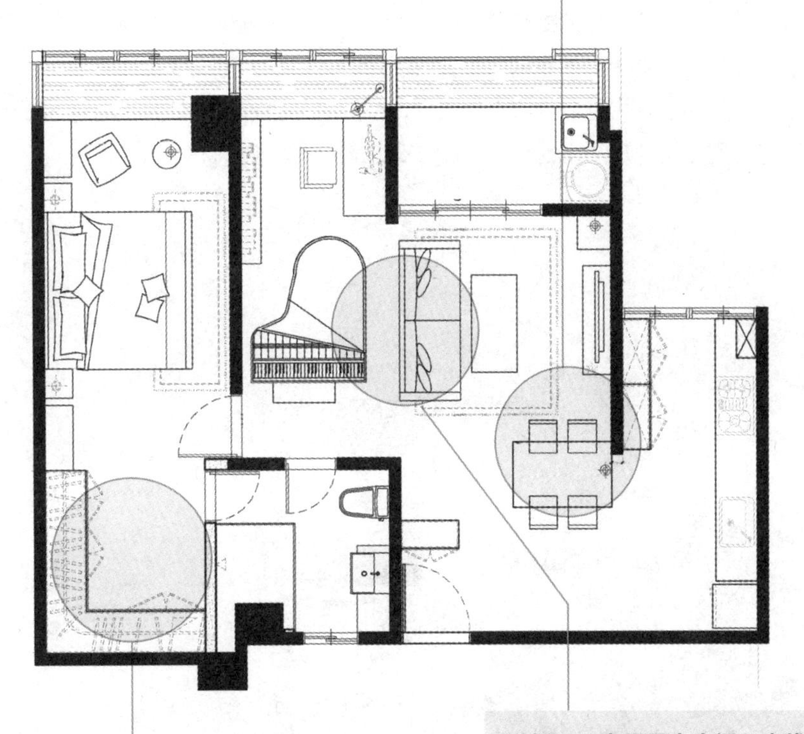

破解2 ▶小房变完整更衣室 有效地拆除隔断墙，减少空间中的阻断关系，创造更完整的环境规划。

破解3 ▶家具界定空间，光线流动 空间卸除隔断墙后，辅以家具界定环境，让阳光能渗透入室。

改造关键点

1. 三室改为一室并放大公共区域，使用上更加自在舒适。
2. 拆除隔断墙后的空间，通过整合功能方式，大幅减少布局给人的破碎感。
3. 家具尽量沿墙摆放，或是选择低高度款式，以满足使用功能的同时不破坏光线的渗透性。

好隔断清单

□拆除过于琐碎的隔断墙，空间视野变得清晰，全室也变得通透明亮。

□整合功能方式，让单一空间同时兼具两种以上的功能，也让空间感尽量放大。

□公私区域被切割清楚后，入室先接触到公共区，最后才是私密区。

这间房龄50年的住宅，如同过去熟悉的老屋一样，室内借助隔断划分出充足的空间，但过去的规划不符合屋主所需，于是舍弃原先的格局规划，并适度地拆除隔断墙，换得比例较为平衡的一室两厅形式，适合单人生活。空间少了隔断墙，通过整合功能方式，如主卧内整合更衣室连接卫浴空间、拉大尺度的公共区串联客厅与书房，整体使用上更为方便，也减少了布局视觉上的破碎感。

▶扩大厨房区，使用更方便

厨房区经过扩大后，能结合餐厅区，使用上变得更加方便。

▶室外卧榻区增加功能性

洗衣台空间特别做了卧榻区，既不破坏光线入室，也能增加环境的使用功能性。

主卧室采取功能整合方式，卧床区整合更衣室，动线变得流畅，也发挥了小空间的价值。

立面设计思考

思考1. 家具隔断量体富含双效益

客厅、书房间以沙发作为区隔，客厅、厨房间又以餐桌来界定，家具所形成的隔断量体，不只有划分区域功能，还兼具使用的功能。

思考2. 拉门取代实体墙，增强空间透光性

客厅与洗衣台空间之间的隔断墙以透明拉门取代，使用上变得更加方便，清透特性也能让光线洒入室内，再一次保持空间的透光性。

拆除空间中的隔断墙后，光线被有效地引进室内，也一展空间的开阔尺度。

状况 02 ▼ 只有一室，空间不够用

平面图破解 手法 1

☑套房☐挑高☐单层

架高地板，使餐厅、客房也有收纳空间，创造空间最大值

室内面积：40 m²
原始格局：一室一厅｜完成格局：1+1 室、两厅、一卫
居住成员：夫妻

文／刘芳婷 空间设计暨图片提供／绮寓设计

40 m²的空间，入门就是卫浴、厨房，狭小的厨房缺乏用餐区；客厅、卧室配置与明厅暗房的原则相反，公共区域狭小，卧室又过大，且少一间客房。设计师将厨房移位，在狭长格局中段，架高地板增设具有客房、餐厅、休息区等复合功能的多功能房，以卷帘、拉门做出弹性隔断，让客厅与之结合，放大公共空间，也使一室格局变为1 + 1室。

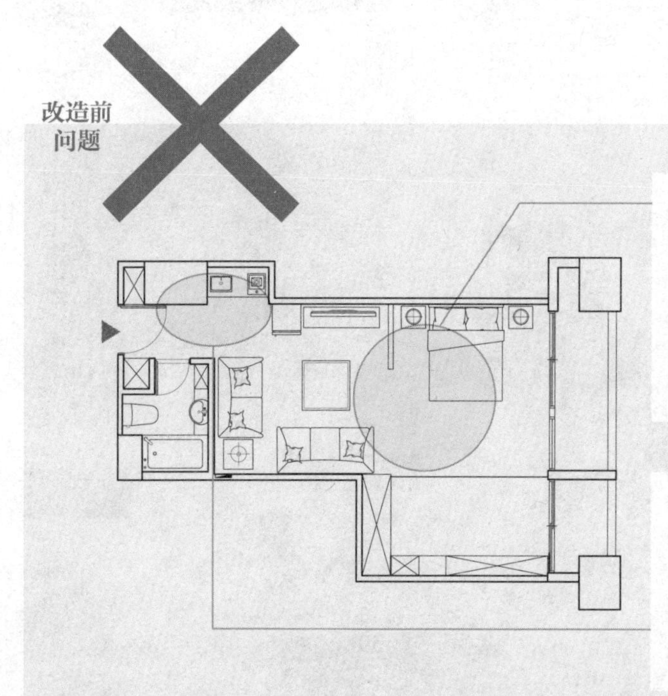

改造后
破解

破解2 ▶**厨房移位，创造多功能空间** 将入门处的厨房移位，在长形屋中段增设吧台式餐桌，使一字形厨具延伸为L形，巧妙结合多功能房的架高地板，形成可对坐六人的餐桌，下方规划收纳，让功能倍增。

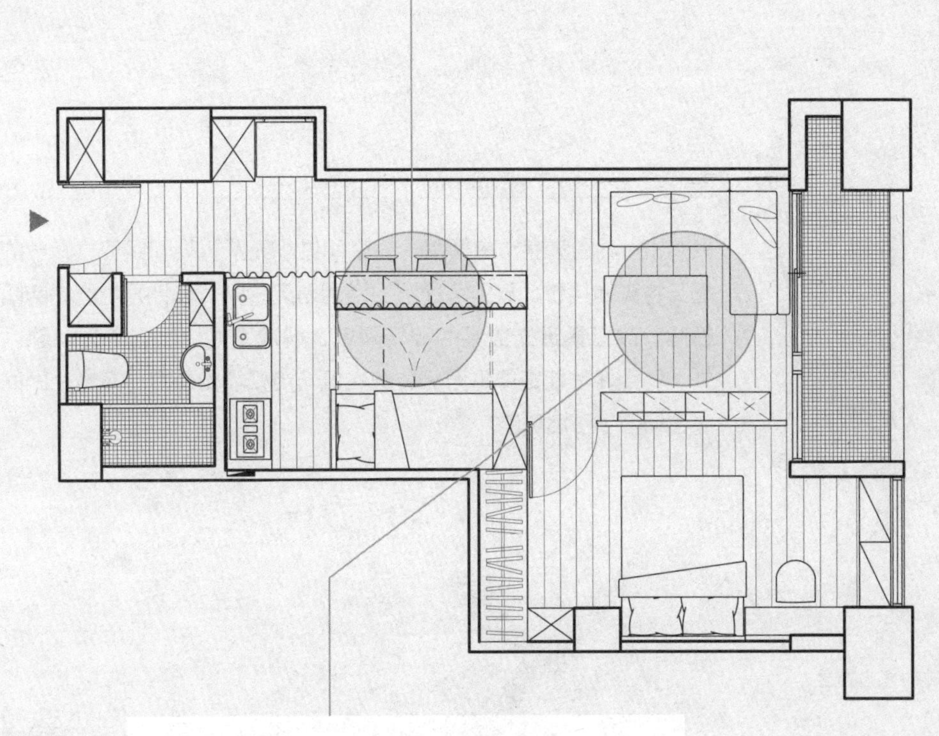

破解1 ▶**卧室尺度缩减，让公共区空间放大** 将客厅挪移至尺度缩减的主卧同侧，使得室内光线、空气流通。公共区因客厅与长屋中段以卷帘、拉门弹性区隔的多功能房结合，明显放大许多，生活功能更齐全。

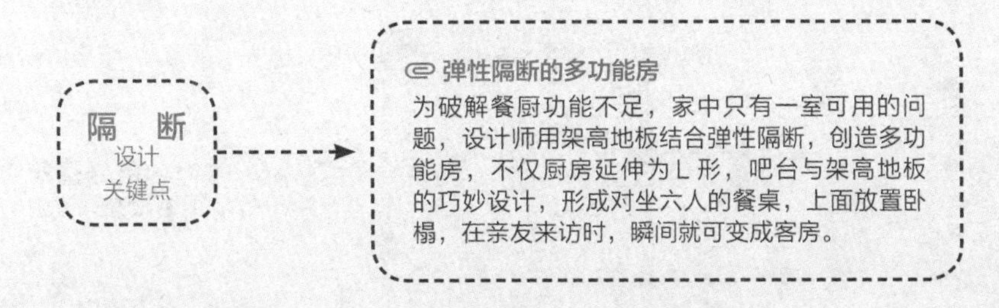

弹性隔断的多功能房

为破解餐厨功能不足，家中只有一室可用的问题，设计师用架高地板结合弹性隔断，创造多功能房，不仅厨房延伸为L形，吧台与架高地板的巧妙设计，形成对坐六人的餐桌，上面放置卧榻，在亲友来访时，瞬间就可变成客房。

平面图破解 手法 2

☑套房□挑高□单层

清透玻璃墙引光入室，打亮小宅空间感

室内面积：33 m²
原始格局：一室一厅 | 完成格局：一室一厅
居住成员：单身

文／王玉瑶 空间设计暨图片提供／三俩三设计事务所

只有33 m²的套房是单面采光，空间过小无法再规划厨房，唯一的隔墙又将光线挡住，导致客厅、卫浴阴暗无采光。设计师将原本的隔墙拆除，改以具透光效果的玻璃隔墙，解决空间界定与采光问题。另外，利用多功能柜体将厨房、洗衣机与电视墙做整合，节省空间的同时也增添了生活功能。

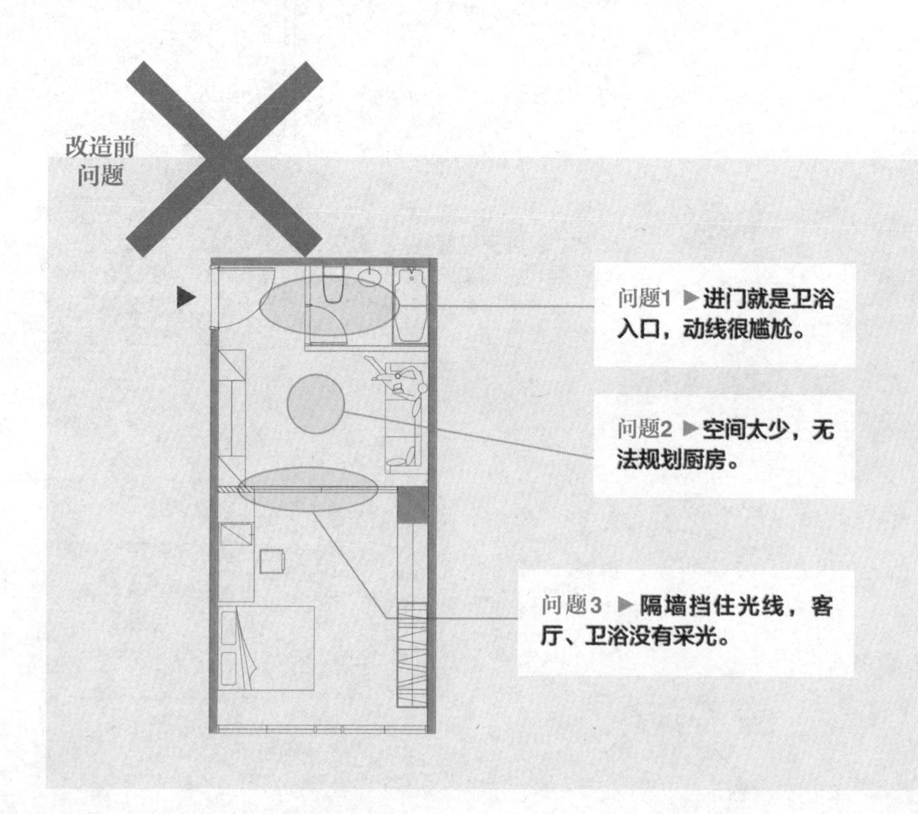

改造后
破解

破解1 ▶**调整入口，加强隐秘性**　将面对大门的卫浴入口做调整，改善使用时的尴尬动线，并在原本入口墙面以层板做成简单鞋柜增加收纳空间。

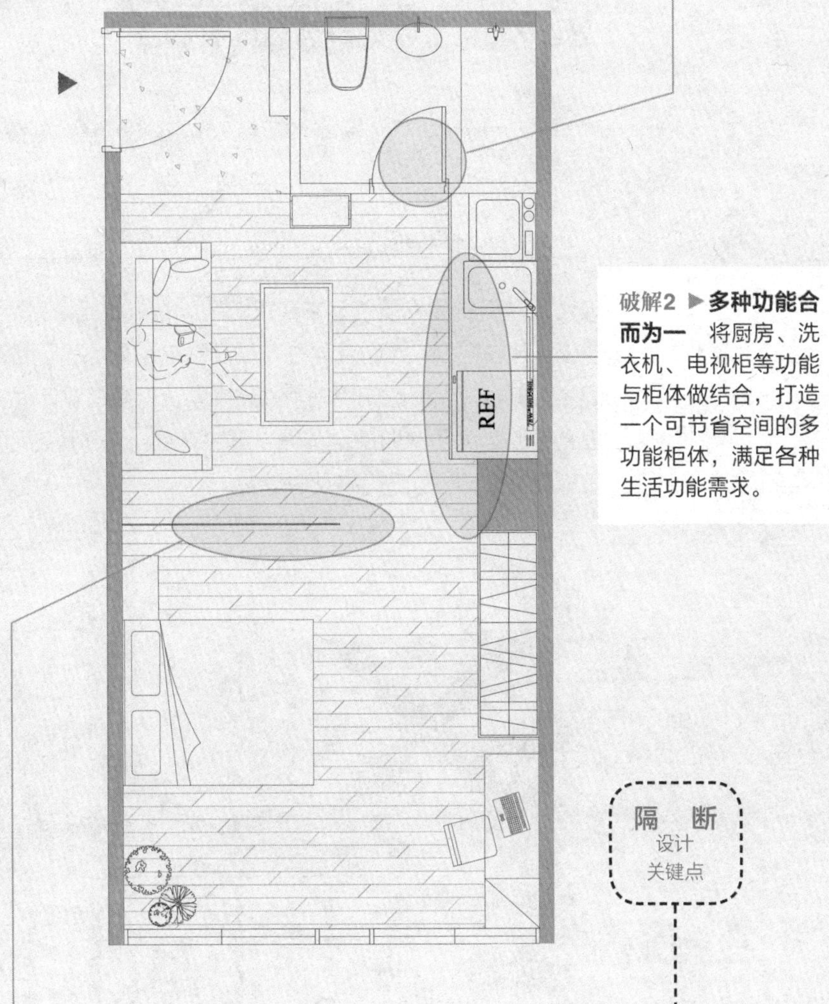

破解2 ▶**多种功能合而为一**　将厨房、洗衣机、电视柜等功能与柜体做结合，打造一个可节省空间的多功能柜体，满足各种生活功能需求。

隔　断
设计
关键点

破解3 ▶**玻璃隔断兼具采光与隔墙功能**　隔墙不做满，让光线没有阻碍地进入空间，只在需要适当隐私的卧室，以具穿透感的玻璃做隔断，既有遮蔽效果，也不影响采光。

清玻＋白膜贴纸，隐私采光兼顾

具高穿透感的玻璃是缺少采光的小房子经常运用的隔断素材，若顾及隐秘性，可在清玻贴上白膜贴纸，适当起到遮蔽作用，且不影响采光。

平面图破解 手法 3

☑套房□挑高□单层

格局重新洗牌，采光、收纳都有了

室内面积：40 m²
原始格局：**一室一厅** | 完成格局：**一室一厅、开放式中岛厨房、储藏室**
居住成员：**夫妻 + 小孩**

文／刘继珩 空间设计暨图片提供／虫点子创意设计

现代人对于生活品质的追求越来越高，屋龄30年的老房子在格局配置上，往往已经较难符合居住习惯及需求，像是客厅照不到阳光、房间半大不小、厨房封闭阴暗等都是问题，但经过设计师进行隔断重组后，不但老房子的旧疾全都得以解决，40 m²的小空间还多了一间储藏室，满足了一家三口的收纳需求。

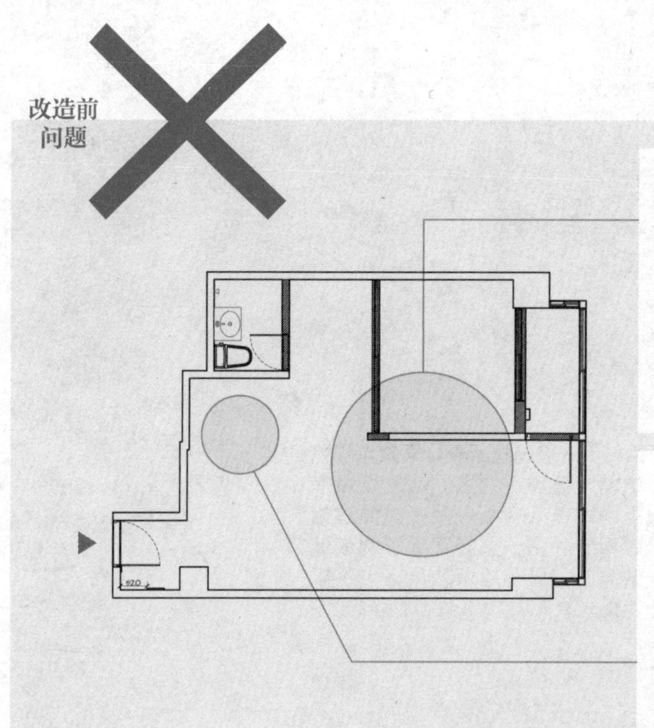

问题1 ▶**房子本身仅有一面采光，进门后的客厅区域无法照到光线，唯一的房间紧邻厨房，没有对外窗会受油烟影响。**

问题2 ▶**厨房所处位置动线不佳，密闭式设计让空间更显狭小；房间虽然格局方正，但要容纳夫妻俩和小孩子实在过于拥挤。**

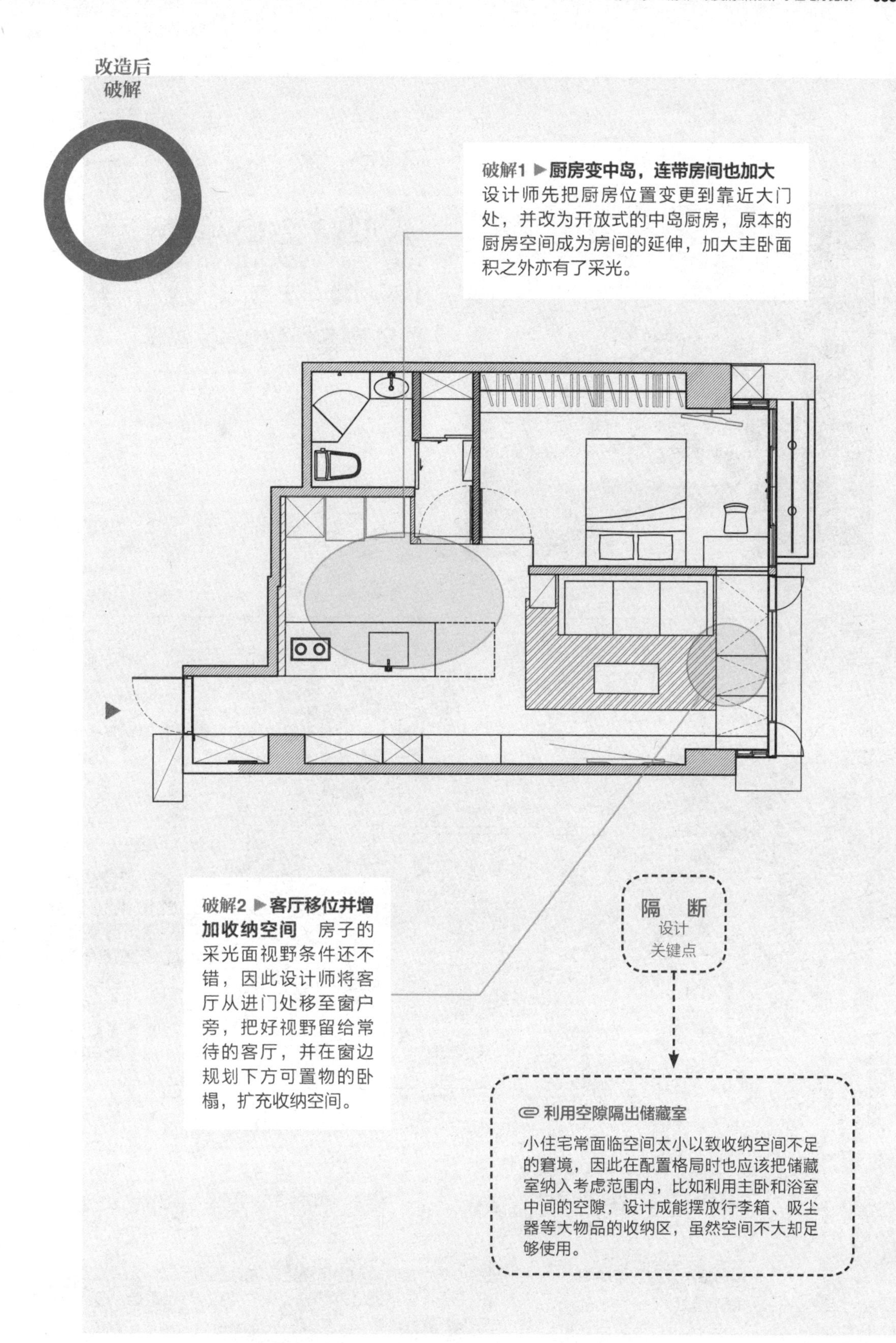

破解1 ▶厨房变中岛，连带房间也加大 设计师先把厨房位置变更到靠近大门处，并改为开放式的中岛厨房，原本的厨房空间成为房间的延伸，加大主卧面积之外亦有了采光。

破解2 ▶客厅移位并增加收纳空间 房子的采光面视野条件还不错，因此设计师将客厅从进门处移至窗户旁，把好视野留给常待的客厅，并在窗边规划下方可置物的卧榻，扩充收纳空间。

隔断 设计 关键点

利用空隙隔出储藏室

小住宅常面临空间太小以致收纳空间不足的窘境，因此在配置格局时也应该把储藏室纳入考虑范围内，比如利用主卧和浴室中间的空隙，设计成能摆放行李箱、吸尘器等大物品的收纳区，虽然空间不大却足够使用。

实例解析

☑套房 □挑高 □单层

关键核心墙，隐喻出空间秩序

单身雅痞的现代居住美学

室内面积：33 m²
原始格局：一室一卫一厨
规划后格局：一室一卫一厨
居住成员：单人
使用建材：石材、橡木烟熏木地板、钢烤、镀钛马赛克、铁件

文／Fran Cheng 空间设计暨资料提供／近境制作

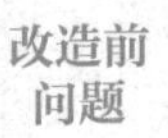

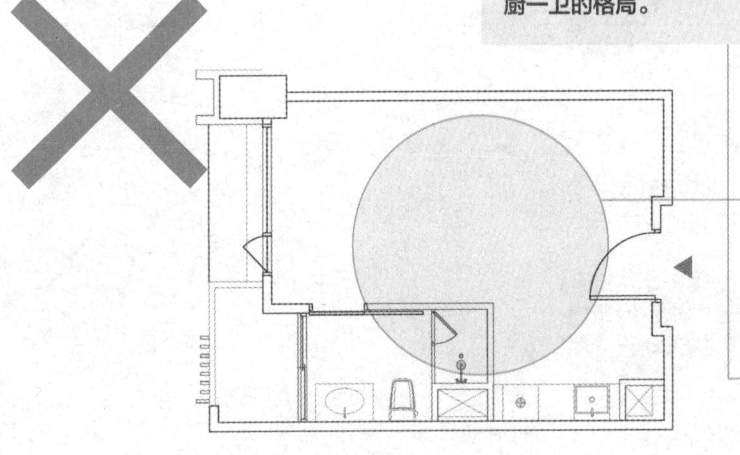

问题1 ▶**没有夹层的辅助，难以满足一室一厅一厨一卫的格局。**

问题2 ▶**无法增加隔断墙来切割空间，但又希望空间有层次与遮掩。**

问题3 ▶**考量空间小，几乎找不到空间做收纳柜。**

隔断+家庭成员思考

以形随功能为设计原则来规划动线

虽然是一个人住，但为了满足基本的生活层次与区隔，设计师运用空间语言与建材来隐喻出空间秩序，并且奉行“形随功能而生”的设计主轴。

破解3 ▶柜体倚墙保有空间尺度 为了在没有空间负担的情况下解决收纳问题，橱柜配置遵循向上发展、靠墙边站的两大设计原则进行思考。

破解2 ▶用一道隔断区隔放大空间 将空间的分区隔断设计简化集中于一道核心墙，避免过多量体破坏空间的整体感。

破解1 ▶功能重叠化解压迫感 隔断墙与餐桌的结合，形成一实一虚的互补，让视觉借助补偿转换的效果而削减实墙的压迫感。

改造关键点

1. 将空间约三分之二的区域作为开放设计的起居空间与卧室，并以简洁平滑的镀钛金属墙来净化视觉，同时遮掩卫浴空间，减缓小空间给人的压迫感。
2. 镀钛隔断墙的左右两侧采用穿透设计，既可使卧室与卫浴区的采光窗相接延续，同时也让空间视觉有延伸放大的实质效果。
3. 紧贴墙面的收纳柜覆以白色柜门，而下方则以镂空的层板搭配灯光进行设计，不仅不让空间有压缩感，灯光的晕染也带来扩大空间的作用。

好隔断清单

□关键墙面隔断满足了区域界定，定义了生活空间的起承转合。

□收纳柜体靠边墙站，并且向上发展，顺利地让实质空间与视觉均获得最大化。

□镀钛金属质感的主墙净化了空间感，而延伸连接的桌面则解决多元生活功能。

少了挑高夹层的辅助，33 m²的空间如何变出一室一厅一厨一卫的生活功能呢？关键在于利用一道立体墙面来整合周边需求。通过“形随功能而生”的设计概念，设计师将唯一需要遮掩的卫浴空间切隔在墙后，并利用卧室起居面设计出具现代美学的电视墙；并在电视墙旁延伸接续出一道桌板，可作为用餐吧台或者工作桌，满足更多元的功能需求；而吧台桌旁则是既有的厨房设备区，也使得生活功能更加完善。另外，客厅起居区因与卧室合并设计而不觉狭小，搭配边缘化的收纳设计以及灯光晕染放大效果，也顺利地解决了收纳与墙面装饰的设计问题。

起居空间与寝卧区合并规划避免空间因过度切割而更显狭小，而镀钛金属主墙给人以现代而冷炼的简洁感，也适度地减缓了压迫感。

▶穿透与遮掩并行的隔断规划

33 m² 的小住宅将隔断适度地做穿透安排，视觉上拥有更多游移的空间，同时让生活功能获得满足。

▶形随功能而生的主墙短桌

考量厨卫空间的遮掩需求，进而规划出满足寝卧起居区的电视墙以及延伸的餐区短桌。而通过材质的比例设计，功能设计进一步转为彰显风格的聚焦主墙。

▶利落短桌满足用餐与工作需求

关键主墙向左接续桌面，除了在画面上呈现平衡设计美感外，更可供工作或用餐使用。而搭配厨房设备，让简单的料理功能获得更完善的满足。

▶玻璃隔断让卫浴区的采光不受阻

卫浴空间采用干湿分离的设计，并利用玻璃材质营造穿透的隔断效果，让餐厨区的采光与对外窗景不会因隔断墙而受阻。

原本窗边为有梁柱的角落空间，因配置桌面与侧墙柜而成为观景阅读区，不仅避免了畸零感，也让小住宅有了更丰富的生活功能。

立面设计思考

思考 1. 畸零格局转化为静思阅读区

在寝卧区与采光窗处，利用窗边梁下、结构柱等畸零格局，配置桌面与层板书柜规划出阅读区，不仅增加了生活功能，也让空间更富层次感。

思考 2. 地板材质定义空间秩序与温度

除了以立面墙做隔断，地板材质也提供隐形定义，如室内前后区均以石材铺设，而中段寝卧区与淋浴区地板则分别以橡木烟熏木与镀钛马赛克铺陈，明确地描述出空间的秩序与温度。

状况 03 ▼

硬是隔出多室，空间拥挤局促

平面图破解 手法 1

□套房□挑高✓单层

重新定义门墙，瓦解隔断放大视野

室内面积：70 m²
原始格局：**三室两厅** | 完成格局：**两室两厅**
居住成员：**2 人**

文／Fran Cheng 空间设计暨图片提供／近境制作

仅有70 m²的室内空间却被隔成三室两厅，甚至连餐厅与厨房之间也做独立隔断，使得小住宅因为设计不当而沦为“四处面壁”的窘境。为改善现状，设计师重新审视空间，先开放餐厨格局，让客厅、餐厅的局促感可以缓解；再将两间小房间合并改为半开放的次卧兼书房，并借助视觉错位的安排，使书房与客厅间虽开放却仍能保有隐蔽性。

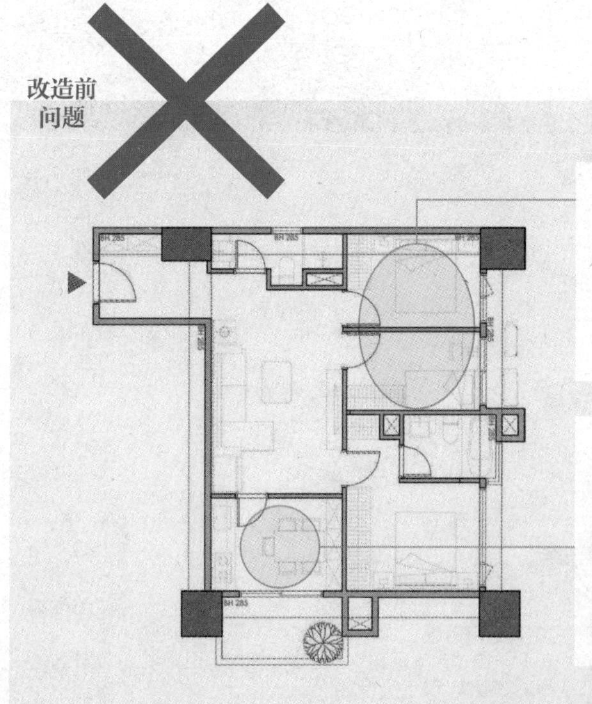

问题1 ▶原本不大的私密空间被规划为一大二小的房间，过多的隔断导致两间小房间放入床后就难有走动与收纳的空间。

问题2 ▶餐厅与厨房合并设计并加上墙面与客厅做区隔，导致原本就不大的公共区域在视野上更局限，使空间更显小。

改造后
破解

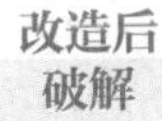

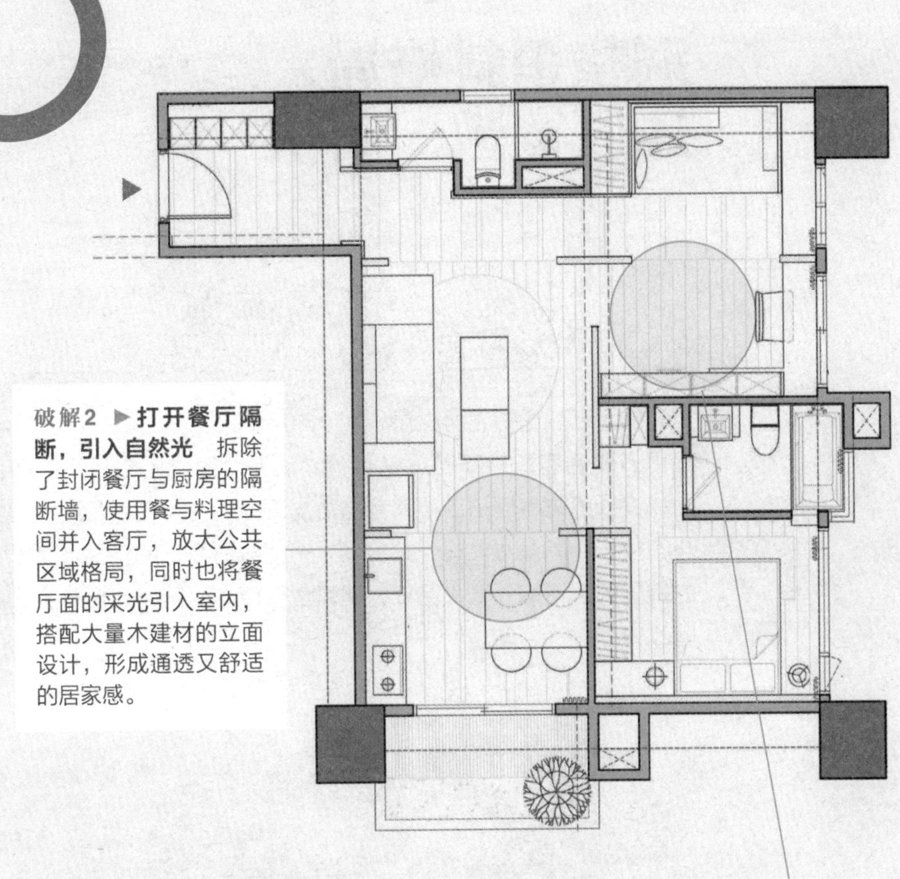

破解2 ▶**打开餐厅隔断，引入自然光** 拆除了封闭餐厅与厨房的隔断墙，使用餐与料理空间并入客厅，放大公共区域格局，同时也将餐厅面的采光引入室内，搭配大量木建材的立面设计，形成通透又舒适的居家感。

破解1 ▶**半遮掩的书房延伸客厅视野** 将两间小房合并改为书房兼作次卧，在对外隔断上只将客厅电视主墙做半遮掩设计，而书房卧榻区则巧妙利用视觉错位来保有隐私性。

隔断
设计
关键点

灰色玻璃拉门创造通透感

寝卧区将更衣空间隐于弹性拉门之后，并以灰色玻璃为门片材质，创造通透的视觉感，让空间在融入功能之余，也能保有完整、简洁的格局。

平面图破解 手法 2

□套房□挑高☑单层

调整歪斜格局，还原宽敞、明快

室内面积：70 m^2
原始格局：**四室一厅** | 完成格局：**两室两厅**
居住成员：**3 人**

文／Fran Cheng 空间设计暨图片提供／澄橙设计

少见的平行四边形歪斜格局，加上40年的老屋旧况，以及70 m^2却隔出多达四室的格局等重重问题，让整个室内阴暗且不舒适。为此，设计师先根据三口小家庭的需求删减两室，同时利用大门转向与开放格局等做法，让公共区域呈现宽敞而方正的格局，至于歪斜的畸零角则被纳入私人区域，同时也使原本阴暗的走道与凌乱感大幅改善。

改造前问题

问题1 ▶四室一厅的格局显现出过多隔断造成的拥挤感，且因房间占比过大，导致走道昏暗。

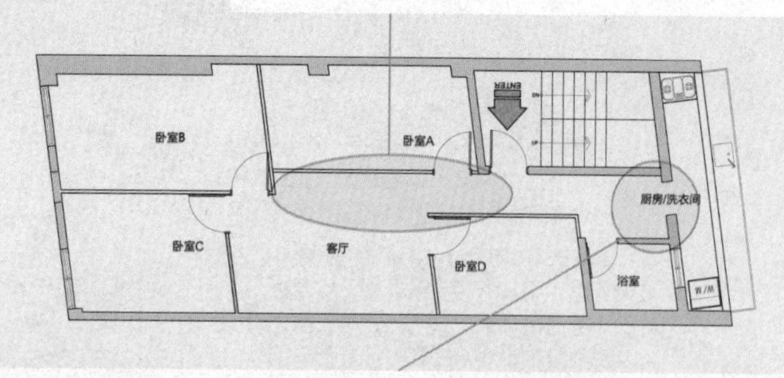

问题2 ▶现有厨房过小，卫浴空间狭小且有畸零斜角等问题，这些都无法满足屋主对于居住的期待。

改造后
破解

破解1 ▶**缩减房间，厨房采取开放设计**　为了调整原本倾斜的格局，将大门90度转向改变走道动线，且把原四室缩减为两室，搭配开放式的厨房，让歪斜的客厅格局变得方正，不只放大了空间的视觉尺度，也提升了明亮感。

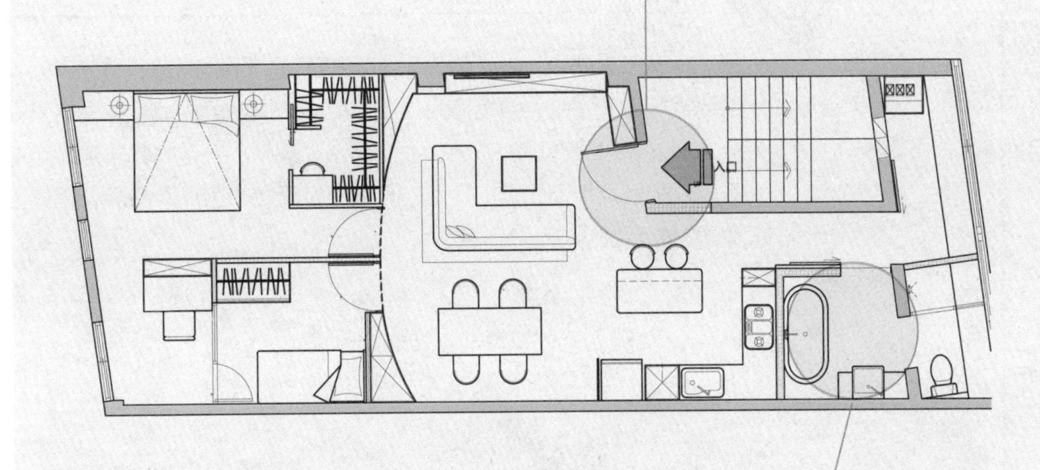

破解2 ▶**实现梦想卫浴且隐藏畸零角**　为满足女主人期望的干湿分离的大卫浴空间，将原先的厨房与阳台均并入作为客用卫浴空间，放入独立浴缸与洗手台，实现屋主干湿分离的愿望，并让边角畸零地藏在卫生间内。

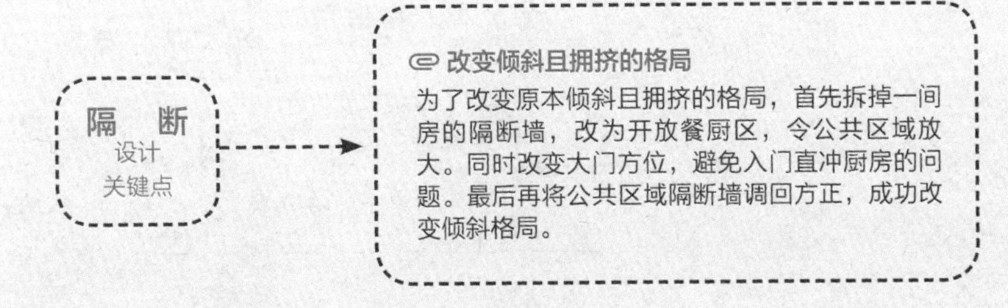

隔断
设计
关键点

改变倾斜且拥挤的格局

为了改变原本倾斜且拥挤的格局，首先拆掉一间房的隔断墙，改为开放餐厨区，令公共区域放大。同时改变大门方位，避免入门直冲厨房的问题。最后再将公共区域隔断墙调回方正，成功改变倾斜格局。

平面图破解 手法 3

□套房□挑高☑单层

减少一室，迎接小宅开阔的生活空间

室内面积：86 m²
原始格局：三室两厅 | 完成格局：三室两厅、书房
居住成员：夫妻

文／王玉瑶 空间设计暨图片提供／耀昀创意设计

屋主只有夫妻两个人，不适合过于浪费空间的三室格局，且过多的隔断让客厅空间变小，没有满足屋主期待的开阔感。因此设计师将其中一室拆除，以半高墙加茶玻作为新隔墙，规划成开放式的书房，借助开放式规划及玻璃隔墙的穿透感，连接客厅和书房两个空间，创造出宽阔的感受。

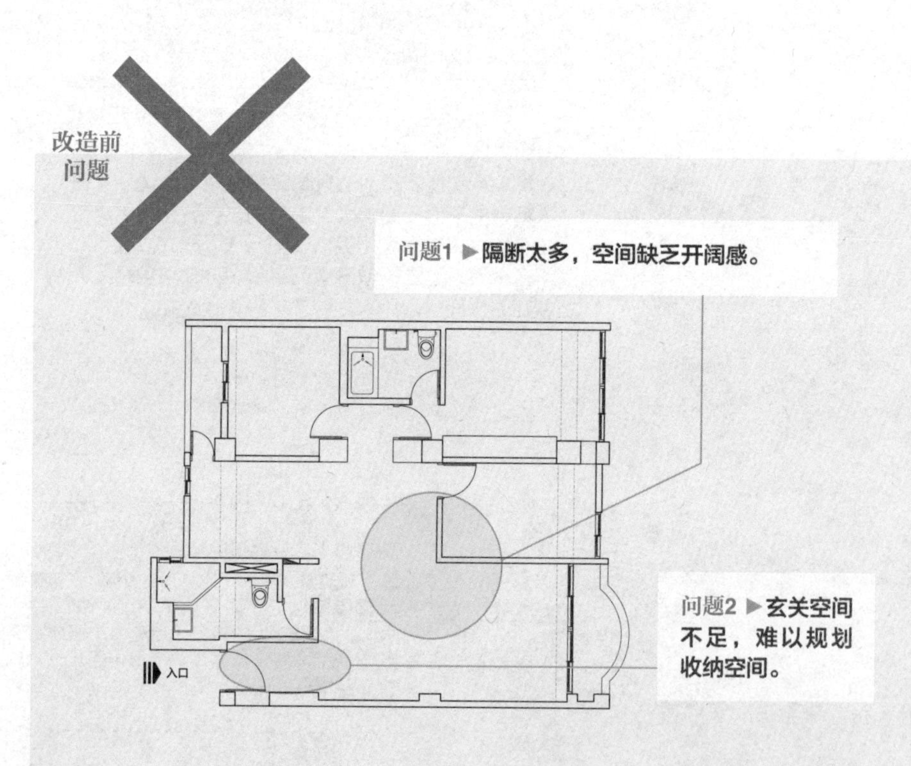

改造后
破解

破解1 ▶玻璃隔墙，视觉穿透营造开阔感 拆除与客厅紧邻的一室，改成开放式书房，利用具视觉穿透效果的玻璃隔墙，界定同时连接书房与客厅两个空间，营造小宅的开阔感。

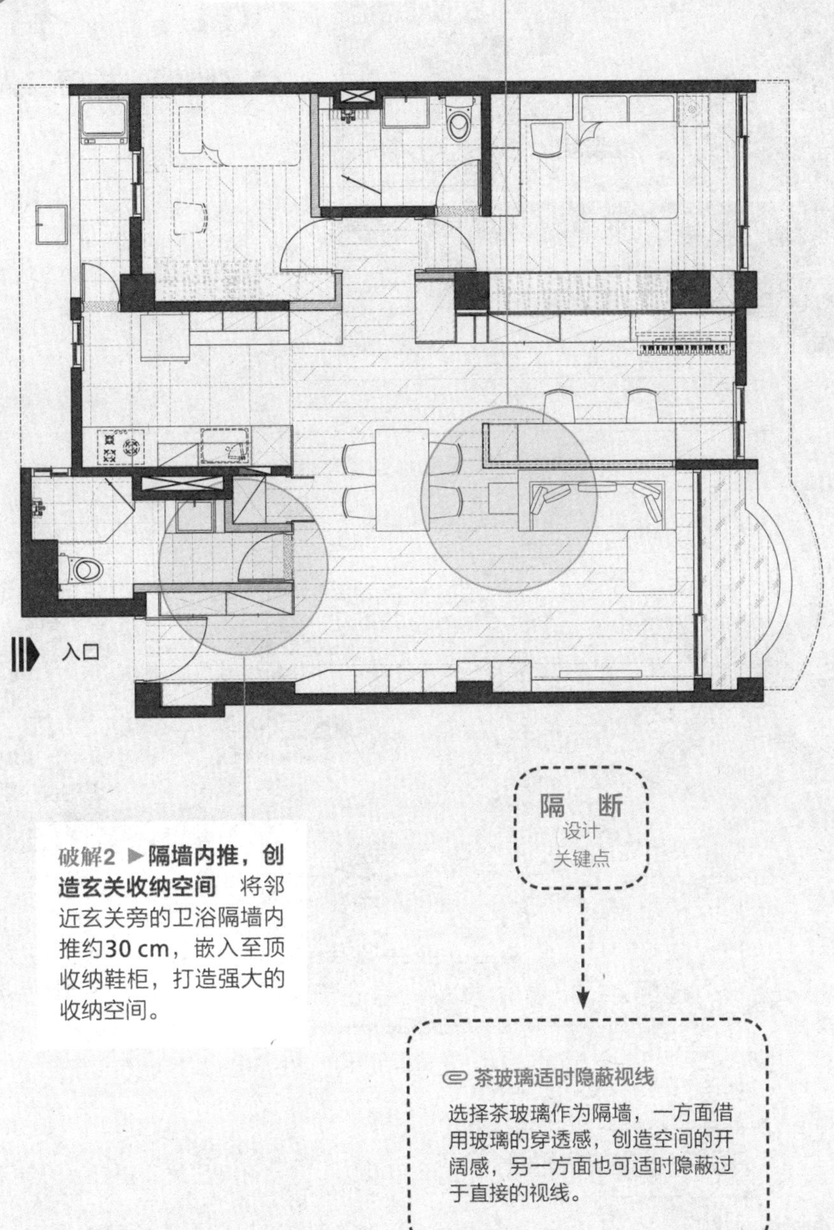

破解2 ▶隔墙内推，创造玄关收纳空间 将邻近玄关旁的卫浴隔墙内推约30 cm，嵌入至顶收纳鞋柜，打造强大的收纳空间。

隔 断
设计
关键点

茶玻璃适时隐蔽视线

选择茶玻璃作为隔墙，一方面借用玻璃的穿透感，创造空间的开阔感，另一方面也可适时隐蔽过于直接的视线。

实例解析 1

□套房□挑高☑单层

删去累赘隔断，56 m² 享有大视界

少了隔墙，拉近二人距离

室内面积：56 m²
原始格局：两室一卫
格局：一厅、一开放书房、一主卧、一厨、一卫
居住成员：两人
使用建材：石材、橡木染色、铁件、慕尼黑瓷砖、人造皮革、喷漆白

文／Fran Cheng 空间设计暨资料提供／近境制作

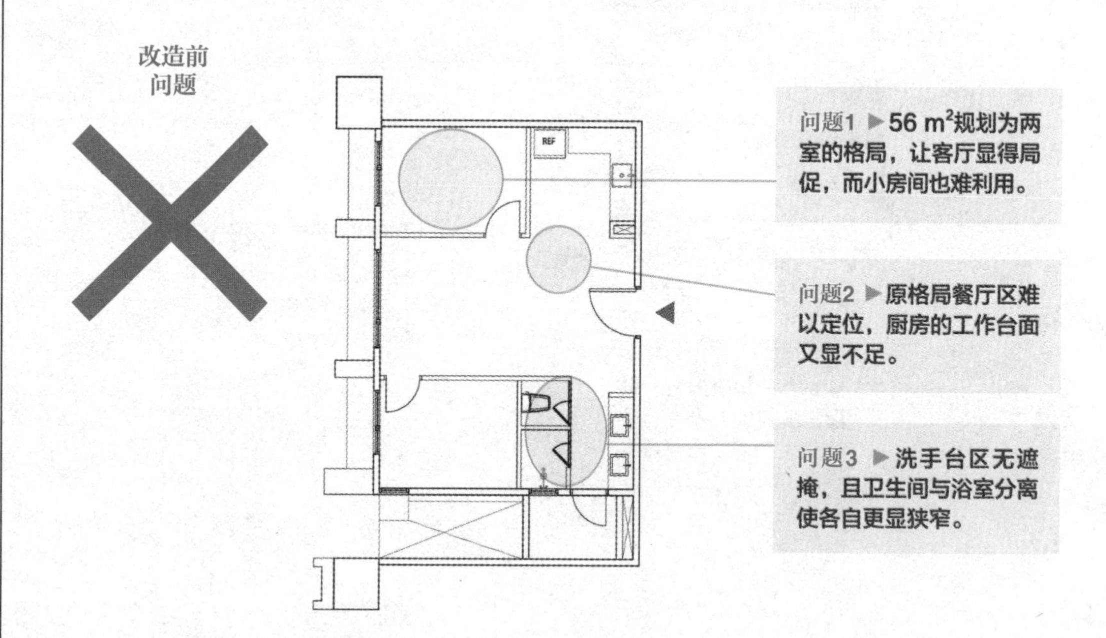

隔断+家庭成员思考

客厅、餐厨区与书房三位一体，放大生活尺度

为了让室内有限的空间获得最大利用，设计师决定将空间以开放或半开放为设计主轴，除了拆除一室的隔断墙纳入公共区域，使客厅、餐厨区与书房三位一体的复合功能，在空间感与视觉上都获得最大值，甚至在私密卧室与卫浴空间都巧妙地利用电视墙设计，达到有隔断、却不阻断视觉的延伸空间感。

改造后
破解

破解1 ▶**复合式书房好宽敞** 将靠近厨房区一侧的房间隔墙打开，使之可以与客厅、餐厅结合，并成为复合式功能的开放书房。

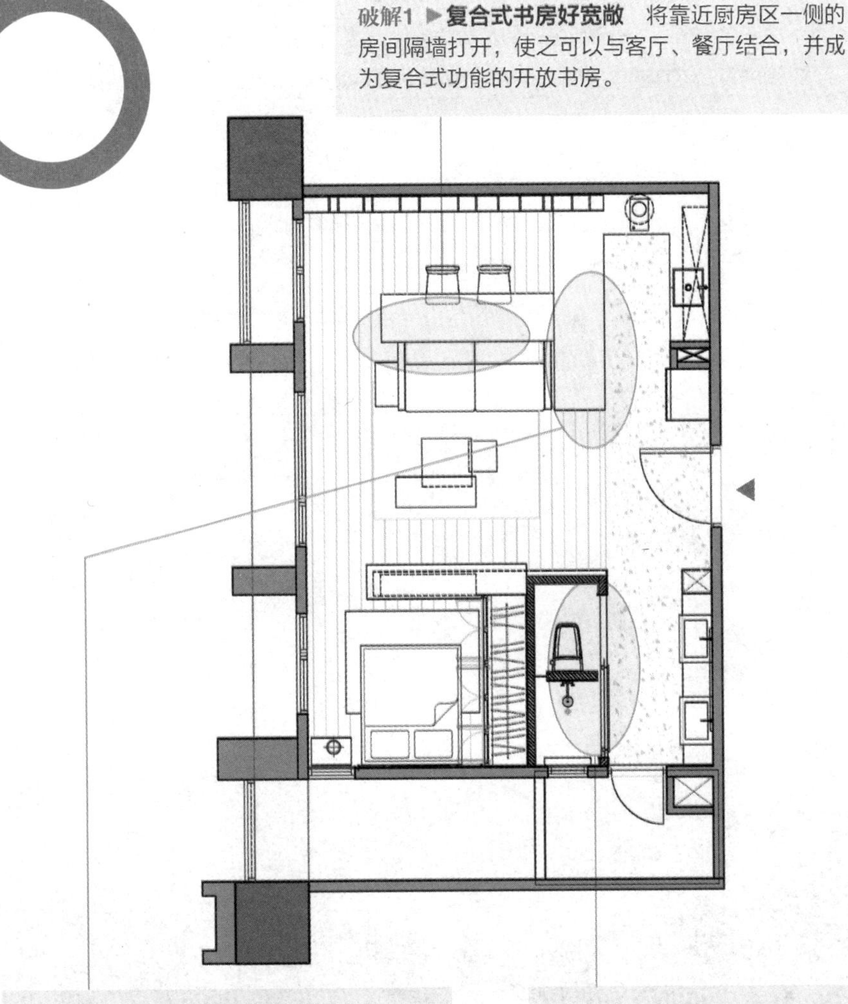

破解2 ▶**“ㄇ”字形吧台界定空间，满足功能** 将原本简单的小厨房工作台面向外延伸，发展成为“ㄇ”字形的吧台厨房，并将吧台的另一侧设计为客厅与书房的侧桌，满足区域界定与功能性。

破解3 ▶**玻璃隔断增加通透感** 在门口与洗手台之间安排高柜，既可提升玄关出入的收纳功能，也可半遮掩卫浴区的视线；而卫生间与浴室则以局部玻璃的隔断来增加通透感。

改造关键点

1. 通过开放与复合功能的设计手法，将56 m²的空间打造成宽敞的大格局，同时也满足各区域的需求。
2. 无隔断的开放式书房，搭配不同角度的斜向立板组构而成的黑色高墙书柜，呈现出高低错落的律动，营造公共区域的书香与诗意。
3. 客厅与卧室之间配置嵌入石材底座的壁炉主墙，赋予空间厚度；而上下退缩的脱钩处理更增加了墙面的立体层次，同时也成功地串联与界定了公私区域。

好隔断清单

□根据屋主的生活动线与需求，重新调整各区功能。

□拆除多余房间，让出更多空间给复合设计的客厅与开放书房。

□外移洗手台与半开放卫浴间，不影响隐私的同时带来更多便利与灵活性。

56 m²的空间想安排一室、一厅，还有书房与吧台厨房的平面配置，感觉应该颇为拥挤。但是设计师大胆地选择复合功能设计，让人一入门就可感受到客厅与书房结合的广大腹地。另一方面，餐厨区与卫浴区分别向大门两侧延展开的双翼，与室内走道形成一横一竖的T字动线，彻底改变56 m²小住宅的样貌。再搭配高墙式书柜与厚底石材电视墙的设计，营造出空间中难以言喻的书卷气息；而环绕餐厨区与卫浴区的墙面石材拼贴，则彰显出空间的自然美感与人文设计。

将一房间改为开放式书房，并入客厅与吧台厨房的腹地，让公共空间的视野变得宽敞，采光面也因此倍增，颠覆了小住宅给人的局限感。

▶石座与白墙组合展现立体层次

区隔客厅与卧室之间的电视墙，运用质朴简约的白墙搭配石材底座，赋予空间厚度，展示墙面的立体层次感，凸显出设计的美感及强烈张力。

大门一开，餐厨区与卫浴区各自向左右延展，形成倒 T 字形的动线，也使仅有 56 m^2 的住宅呈现出恢宏气度的空间景深。

▶左右延展的格局形成恢宏景深

▶加厚墙面衍生展示收纳功能

电视墙采用美背式双面设计，借用加厚设计墙面在卧室面规划层板柜，可置物、放书或摆设照片装饰；另外，舍弃门板的卧室格局则与客厅保持流通互动的关系。

▶通透又现代的卫浴空间

原本有独立隔断的卫生间与浴室，改以个性的不锈钢衔接左右玻璃墙做隔断，有效改善空间给人的压迫感，搭配质感石材凸显现代感。

深色系的卧室主墙运用古典的线板元素，做出不对称平衡比例的分割设计，展现现代与古典的融合，而深黑皮革材质的主墙与玻璃橱窗衣柜则凸显虚实对比，让简单的设计中蕴藏更多的设计趣味。

▶ **虚实对比让画面平衡优雅**

立面设计思考

思考 1. 立体吧台下柜成为收纳宝库

开放餐厨区的吧台是界定与连接书房、客厅的介质，而在功能设计上，吧台下方更运用3D立体的层板柜体设计，让书房与客厅的置物与收纳需求获得更大满足。

思考 2. 卧室主墙集古典与现代之大成

卧室主墙利用现代的不对称平衡比例做分割，重新诠释古典线板这一设计元素，特别是黑色牛皮质材透出的温润表情，与清透悬空的橱窗式衣柜恰成虚实的对比。

实例解析 2

□套房□挑高☑单层

空间微调，打造舒适生活完美尺度

以阳光、绿意装点空间，让家人享受自然、简单好生活

室内面积：93 m^2
原始格局：三室两卫
格局：两室两厅
居住成员：夫妻 +1 个小孩
使用建材：水泥粉光、回收旧木、黑板漆、铁件、玻璃

文／王玉瑶 空间设计暨资料提供／三俩三设计事务所

改造前
问题

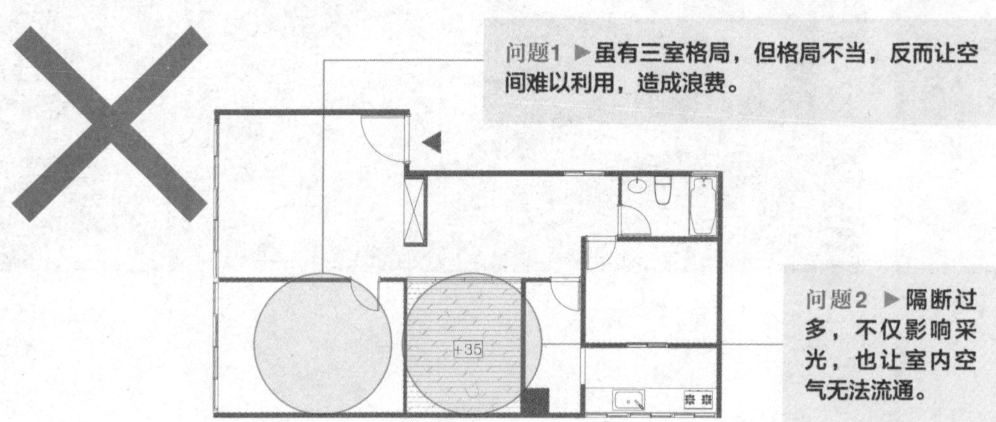

问题1 ▶虽有三室格局，但格局不当，反而让空间难以利用，造成浪费。

问题2 ▶隔断过多，不仅影响采光，也让室内空气无法流通。

隔断+家庭成员思考

符合三人小家庭的格局重整

空间的大小并非屋主的首要考量，如何在空间里舒适地生活，才是屋主最在意的事。因此将三室整合成主卧及儿童房，舍弃房间数优势，选择符合家中成员需求的两室格局，也避免零碎隔断造成的空间浪费。过去缺少的收纳空间，将其规划在邻近玄关的墙面，利用动线引导，养成家人自然的收纳习惯，减少凌乱的可能性，打造清爽、利落的小宅生活。

改造后
破解

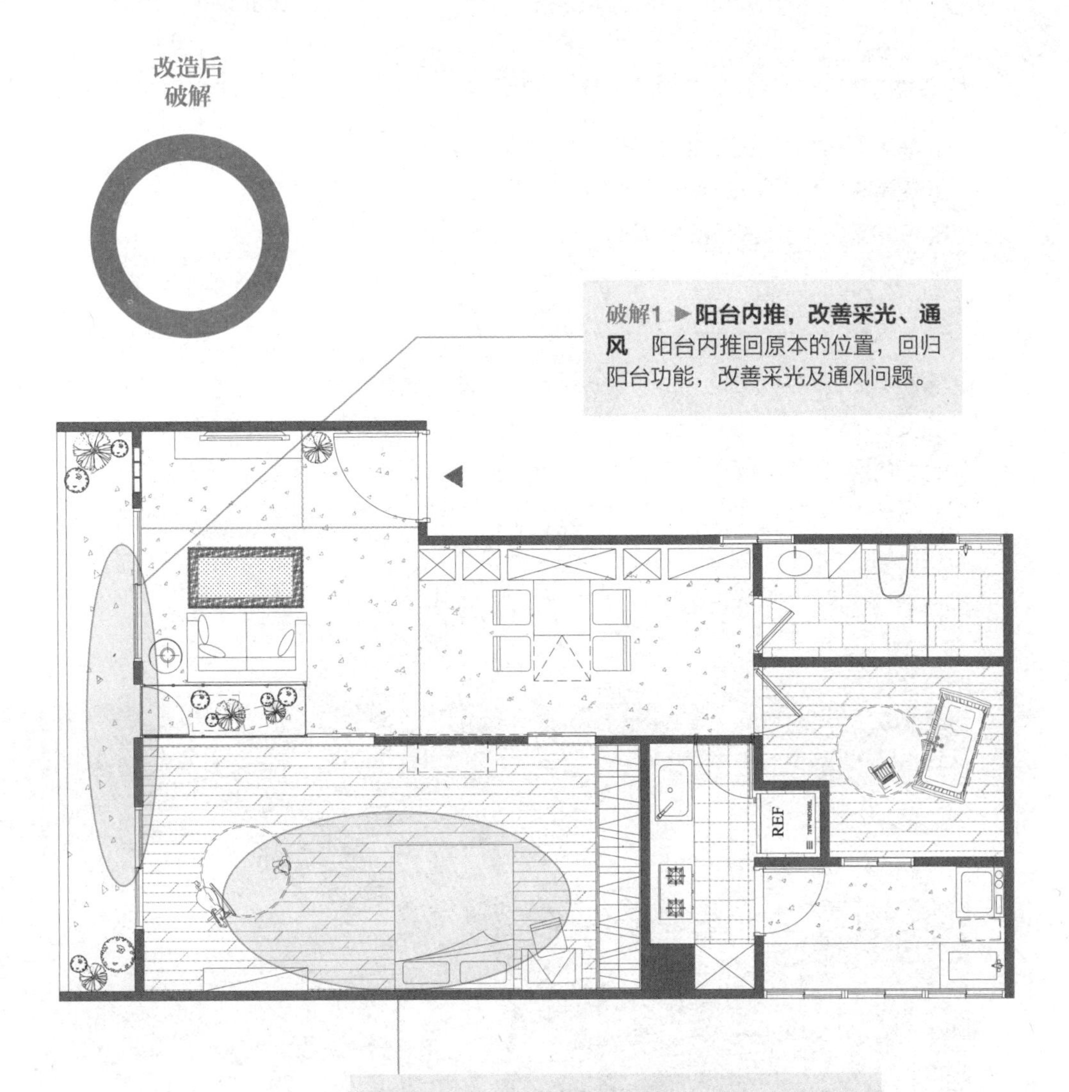

破解1 ▶**阳台内推，改善采光、通风** 阳台内推回原本的位置，回归阳台功能，改善采光及通风问题。

破解2 ▶**扩大主卧，强化功能** 空间整合，扩大主卧，强化功能，提高生活舒适度。

改造关键点

1. 配合平时生活动线规划收纳空间，让家人轻松养成收纳习惯。
2. 内凹设计让阳台外延伸到室内，并利用玻璃隔墙引入大量光线。
3. 儿童房房门改向，卫浴墙面与儿童房拉齐，减少畸零地的同时扩大了卫浴空间。

好隔断清单

□移除多余隔断，打造宽阔、舒适的生活空间。

□玻璃隔墙引入光线，改善中后段阴暗的问题。

□整合零碎空间，发挥面积最大值。

过去的老旧公寓为了扩大空间，选择将原本的阳台外推，并隔出多间房；但过多的隔断又缺乏规划，不仅让空间变得零碎不易使用，更影响室内采光。屋主希望有栽种植物的空间，也希望能改善采光，因此外推阳台内缩，回归阳台原本的功能，将阳光重新带回家中。考量只有单面采光，采光面使用大量玻璃材质，让光线可直达较阴暗的中后段。结合屋主家中成员，整合成两室格局，解决原始空间闲置、浪费的问题，让居住空间发挥最大值。

使用回收旧木和水管特别定制的柜体，有如货箱堆叠起来，另外再利用照明、悬空设计，化解大量柜体带来的压迫感。

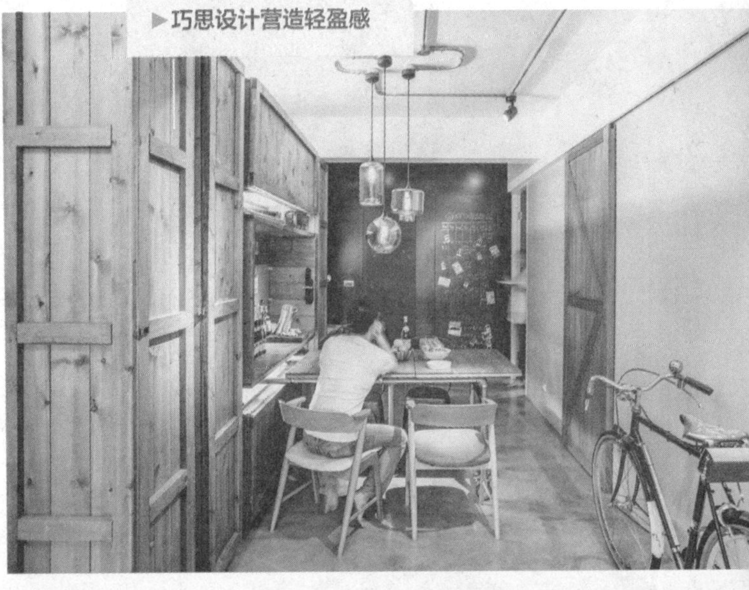

▶巧思设计营造轻盈感

▶折叠功能使用更灵活

餐桌具备折叠功能，可视情况、使用人数调整大小，解决此区宽度不足的问题。

中后段距离采光面较远，因此以开放的方式进行规划，减少隔墙、柜体阻碍，再借助玻璃材质引入光线，提升空间的明亮感。

▶轻盈墙色给人愉悦感受

主卧室选择轻浅色调，加之大量采光，营造出明亮又舒适的睡寝空间，部分区域则规划成小朋友游戏的区域，方便屋主照看。

▶素朴材质形塑简单自然感

空间里大量使用水泥粉光、回收旧木等质朴材质，舍弃多余装饰，让生活和空间回归单纯、自然本质。

▶水管酒架兼具美观与实用

屋主有品酒的习惯，因此利用水管设计成酒架，不仅节省空间，成为有趣的收纳设计，也巧妙形成空间里的视觉焦点。

利用内凹设计将户外空间延伸至室内，三面皆采用玻璃隔墙，不管在客厅、卧室还是餐厅，都能享受阳光绿意。

立面设计思考

思考1. 滑门设计化解空间、动线问题
由于中段空间宽度不够，采用推门缓冲空间不足，也会造成动线上的困扰，因此卧室改以滑门设计，解决影响动线及宽度不足的问题。

思考2. 虚化门板，打造利落的视觉效果
卫浴与儿童房墙面与门板，选用相同的漆色及隐藏式设计，虚化门板收整立面线条，让整体空间看起来更为简洁。

实例解析 3

□套房□挑高☑单层

墙面开窗增加通风、采光与空间感

一个人住也能有梦幻大餐厨

室内面积：45 m^2
原始格局：一室两厅
格局：一室两厅
居住成员：单人
使用建材：超耐磨木地板、涂料、进口手工砖、玻璃砖、实木皮、系统柜

文／许嘉芬 空间设计暨资料提供／十一日晴设计

改造前问题

问题1 ▶预售房屋时，房屋户型结构已根据业主需求进行过调整，大门右侧就是浴室，没有对外窗，且浴室门口无形中又产生闲置的走道，几乎是一个储藏间的大小。

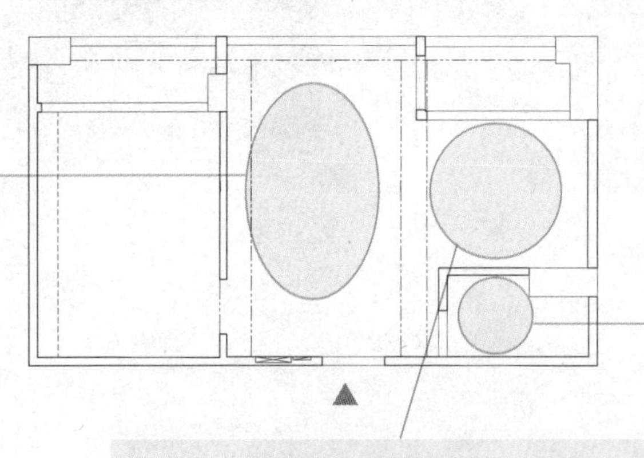

问题2 ▶以小套房概念配置的空间，厨房只有一套小厨具，对喜欢料理的屋主来说并不实用。

问题3 ▶原本预售时在浴室旁边又规划了次卧室，但对单身的屋主来说只需要一室。

隔断+家庭成员思考

单身格局，无须受限

既然是单身一个人住，就无须受传统隔断的限制，甚至因屋主喜爱料理的关系，空间几乎以开放餐厨区作为轴心，卧室也多开了两扇上掀窗与厅区连接，增加光线之外也有放大空间的作用。

改造后
破解

破解3 ▶卧室变客厅，公共区域更开阔　原浴室旁预备规划为卧室的空间改为客厅，与餐厨区相邻的动线流畅且视觉上更宽阔。

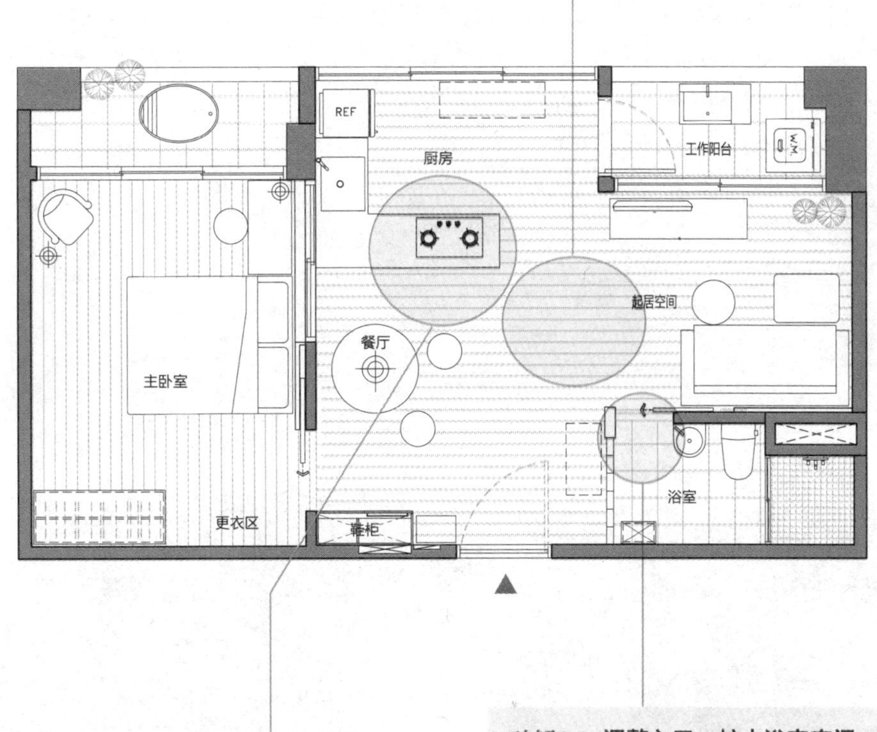

破解2 ▶L形厨房满足料理需求　将从大门进来后的长形空间规划为开放餐厨区，L形厨具与冰箱呈完美的三角动线，做饭时更舒适、实用。

破解1 ▶调整入口，扩大浴室空间　浴室入口方向调整至客厅，并稍微将原有墙面往外移，增加浴室的宽敞度，同时利用玻璃砖与上掀窗解决光线与通风问题。

改造关键点

1. 卧室隔断开窗的位置很重要，既可以当作主卧床头墙，对应厨房的墙面搭配西班牙手工小砖，又可兼具造型功能。
2. 格局不见得要全面调整才能得到最好的效果，微调浴室墙面和入口动线，使空间不浪费且更开阔。

好隔断清单

□主卧与厨房之间特意开了两扇上掀窗，不仅增加了空气流通，也让立面更好看。

□浴室入口改由客厅进出，采用横推拉门设计，与背景墙一致的实木造型立面，延展了空间尺度。

旅居他乡多年，这间小房子对屋主来说是回台后的第一个家，习惯了移居的生活，因此东西向来很少，但是很喜欢料理烹饪。原本房子在回台之前已由长辈进行过变更，预设的两室、小厨房肯定不符合她的需求，经过设计师微调修正，舍弃一室换得十分宽敞舒适的客厅、餐厅与厨房，浴室墙面的退缩、门口的转向为光线，并修正了空间感，小房子无须将就也可以很实用。

借助主卧室门改为横推拉门所衍生的墙面厚度，创造出小层板，可放置闹钟、眼镜等小物件，取代一般床头柜的置物功能，却又完全不会占据空间。

▶小层板取代床头柜更实用且不占空间

▶玻璃砖＋上掀窗增加采光与空气对流

浴室入口调整位置之后，隔断部分选择以玻璃砖打造而成，最上方更结合上掀窗的形式，让没有对外窗的浴室提升了明亮度，并实现了良好的空气流通。

▶浴室入口转向，拉长沙发背墙

将浴室动线挪移至沙发墙侧面，同时以横推拉门的形式规划，反倒有延伸沙发背景墙尺度的效果，空间的水平轴线因而得以放大。

立面设计思考

思考1. 房门拉齐等高线
将卧室门延伸与餐厅、厨房墙面一致的高度，借助延续整合的轴线，让小空间的视线不受阻断，还有放大的效果，而这样的立面也更好看。

思考2.横向实木皮墙面拉长宽度
沙发背景墙因为浴室入口的改动，无形中产生延伸感，加上选用实木皮做横向的拼贴铺饰，更能让水平延展性发挥到极致。

对于 45 m^2 的空间而言，能拥有眼前的大餐厨区实属幸福，舍弃一室释放出更为开阔的公共厅区，厨房也得以扩大为 L 形，并可与冰箱形成流畅的三角动线。

▶配置流畅三角动线的开放餐厨区

状况 04

完全没有隔断，缺乏适当规划

平面图破解 手法 1

□套房□挑高☑单层

十字轴隔断墙，让家变出更多花样

室内面积：66 m²
原始格局：**一室两厅** | 完成格局：**开放两室一厅、更衣间**
居住成员：2 人

文／Fran Cheng 空间设计暨图片提供／近境制作

在寸土寸金的台北市内，拥住66 m²的新居已是难能可贵，因此如何使设计有质感，并能满足大空间与多元功能的要求，成了设计师的规划重点。首先，在正方形格局中心点以十字轴做出隔断，将右半部规划为卧室与客厅，左半部则为工作区兼餐厨区，以及更衣间。同时以活动式隔断对各区进行串联与区隔，展现出更灵活与多样化的居家风貌。

改造前问题

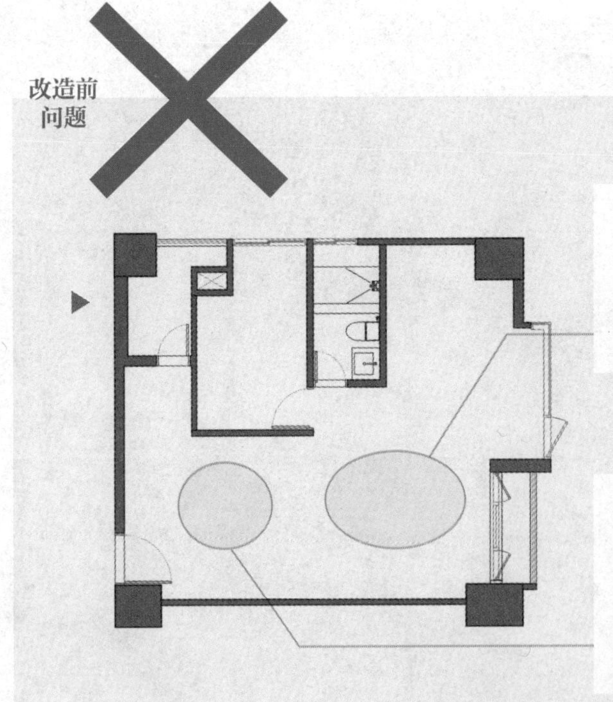

问题1 ▶格局虽方正，但几乎无隔断的简单格局，无法满足屋主对居家的多元需求及品质生活的追求。

问题2 ▶要在66 m²的空间内安排客厅、餐厅、工作区与卧室、更衣间等功能，同时又要满足大空间感是此案例设计的重点。

改造后
破解

破解1 ▶同色木地板避免各区切断感 方正格局搭配十字轴线定位出四个象限，满足客厅、卧室、工作餐厨区与更衣间等功能需求，并且全室均以深色木地板作为底色，让空间显得沉稳外，各区之间也不会有切断感。

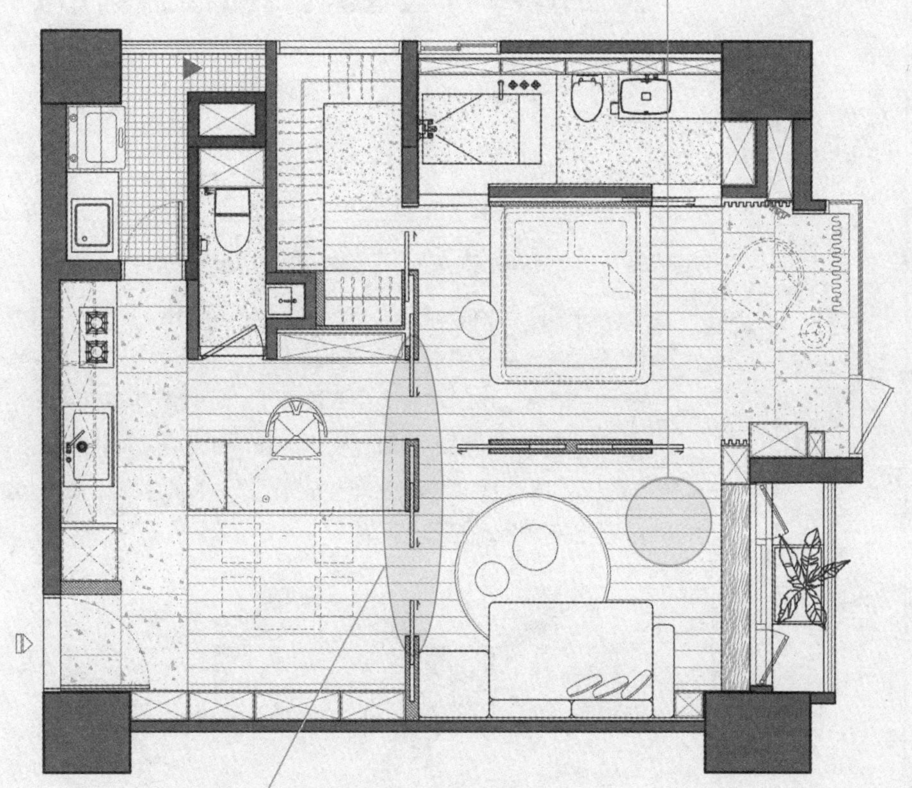

破解2 ▶隐藏隔断凸显如总统套房般的宽敞尺度 除了更衣间与客用卫生间，其他三区均采用半穿透的活动式隔断，平时可打开隔断让室内如总统套房般宽敞而通透，而希望保有隐私时则可拉上隐藏隔板，让客厅、卧室及工作区都能满足独立使用的需求。

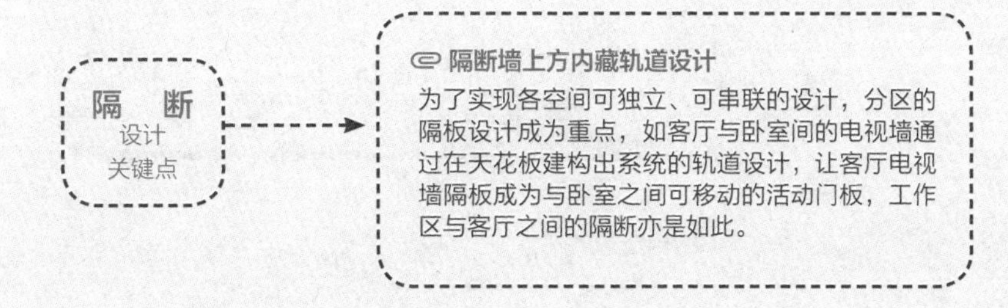

隔断
设计
关键点

隔断墙上方内藏轨道设计

为了实现各空间可独立、可串联的设计，分区的隔板设计成为重点，如客厅与卧室间的电视墙通过在天花板建构出系统的轨道设计，让客厅电视墙隔板成为与卧室之间可移动的活动门板，工作区与客厅之间的隔断亦是如此。

平面图破解 手法 2

□套房 ☑挑高 □单层

纵向思考，跳脱小住宅空间的限制

室内面积：60 m²
原始格局：无隔断 | 完成格局：一室一厅、工作区、展示区
居住成员：夫妻＋1个小孩

文／王玉瑶 空间设计暨图片提供／上阳设计 SunIDEA

这是一间没有任何隔断，面积只有60 m²的小住宅，屋主喜欢开阔的空间，因此希望能减少隔断。单层空间只有60 m²，但为满足屋主生活及工作的空间需求，设计师利用4 m的层高创造出上下两个楼层，一楼以结合工作功能作为空间规划主轴，且考量单面采光条件与屋主期待的开阔感，以柜体取代实墙隔断简单做出空间界定；二楼则利用Y形梯，巧妙解决长形空间的安排问题，同时也将需要一定隐秘性的卧室与储藏区做出适当区隔。

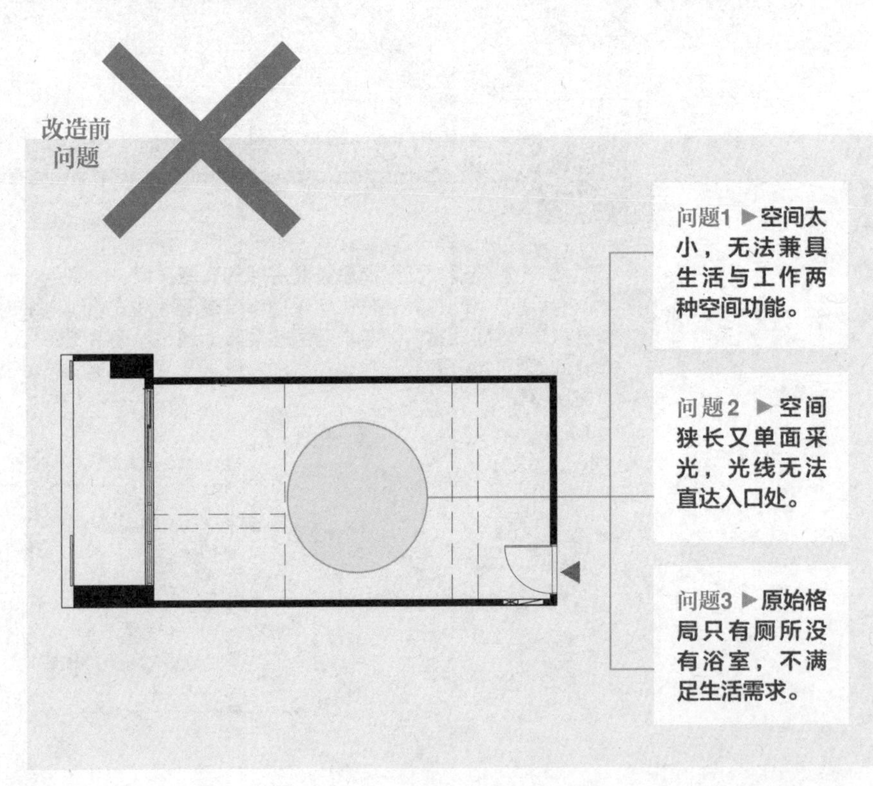

改造后
破解

破解3 ▶**缩小玄关空间，扩大卫浴尺度** 将浴室位置向玄关处外推，重新规划卫浴空间，由于此区为访客来访区域，于是利用暗门设计美化入口，维持整体的空间美感。

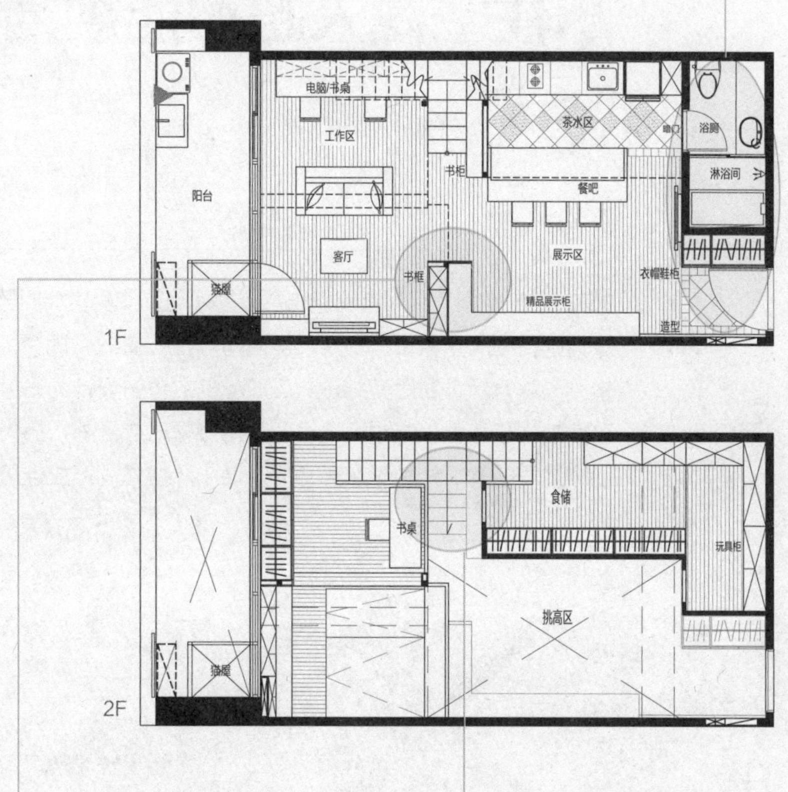

破解2 ▶**柜体取代隔墙做界定** 利用展示区与客厅两个L形柜体，取代隔墙做空间界定，以开放式规划保留开阔感，也不影响采光。

破解1 ▶**切分上下楼层，以此划分公私区域** 单层空间不足，利用4 m的层高切分出上下两个楼层，配合屋主的生活习惯，将展示区、工作区及客厅规划在一楼，利用Y字形阶梯串联上下空间，也顺势将二楼划分出卧室与仓储区两个区域。

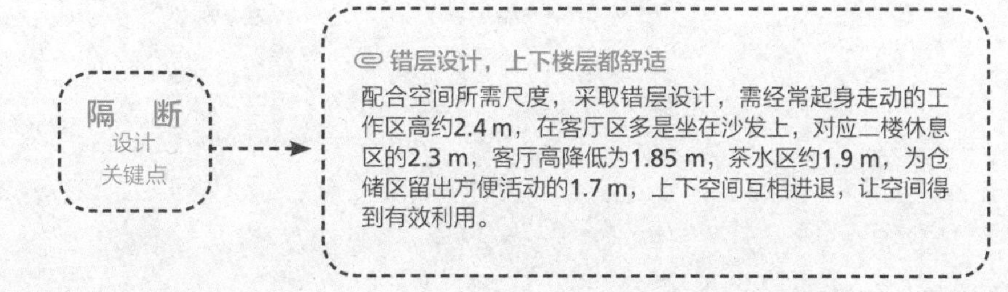

隔断 设计关键点

错层设计，上下楼层都舒适

配合空间所需尺度，采取错层设计，需经常起身走动的工作区高约2.4 m，在客厅区多是坐在沙发上，对应二楼休息区的2.3 m，客厅高降低为1.85 m，茶水区约1.9 m，为仓储区留出方便活动的1.7 m，上下空间互相进退，让空间得到有效利用。

平面图破解 手法 3

☑套房 □挑高 □单层

全开放式概念，小住宅注入超功能规划

室内面积：36.5 m²
原始格局：厨房、浴室 | 完成格局：一室两厅、厨房、储藏区
居住成员：1人

文／余佩桦 空间设计暨图片提供／文仪室内装修设计有限公司

36.5 m²的空间，因没有隔断和系统的规划，使用功能明显不足。于是设计师将空间重新进行布局，首先对卧室位置做了调整，而原本的区域则改为客厅，客厅旁则是对应梁与柱的位置设计为餐厅，生活功能巧妙地规划在量体之中，也充分利用好每一寸面积。另外，在玄关与卫浴之间的畸零处新砌了一道墙，让小环境之间产生连接，还兼具储藏区功能。

改造前问题

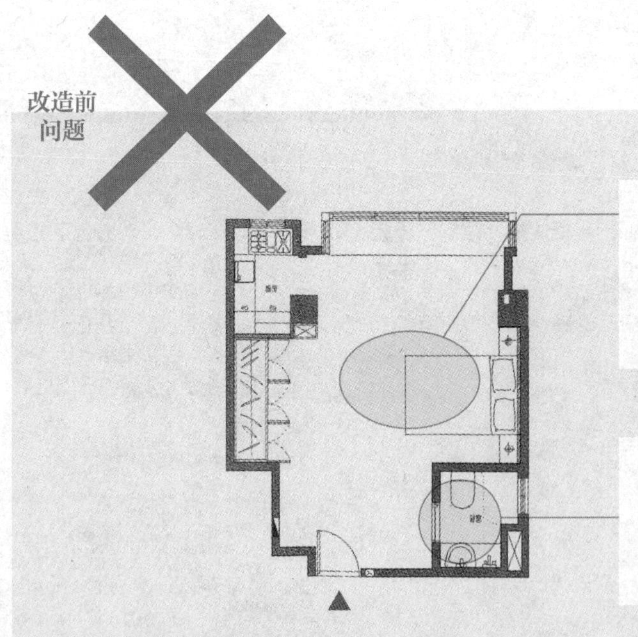

问题1 ▶单层无隔断的小空间里，因一张大床置于格局中心，无法合理利用空间。

问题2 ▶空间中，因缺乏系统的规划与配置，生活使用功能略显不足。

改造后
破解

破解1 ▶**微幅调整位置，重新确定空间轴心** 将卧室位置做了移位，改至厨房旁，而原空间则作为客厅使用，另外还在一旁规划了餐厅，不仅让每一个小区域的使用功能更加明确，也重新找回了空间轴心。

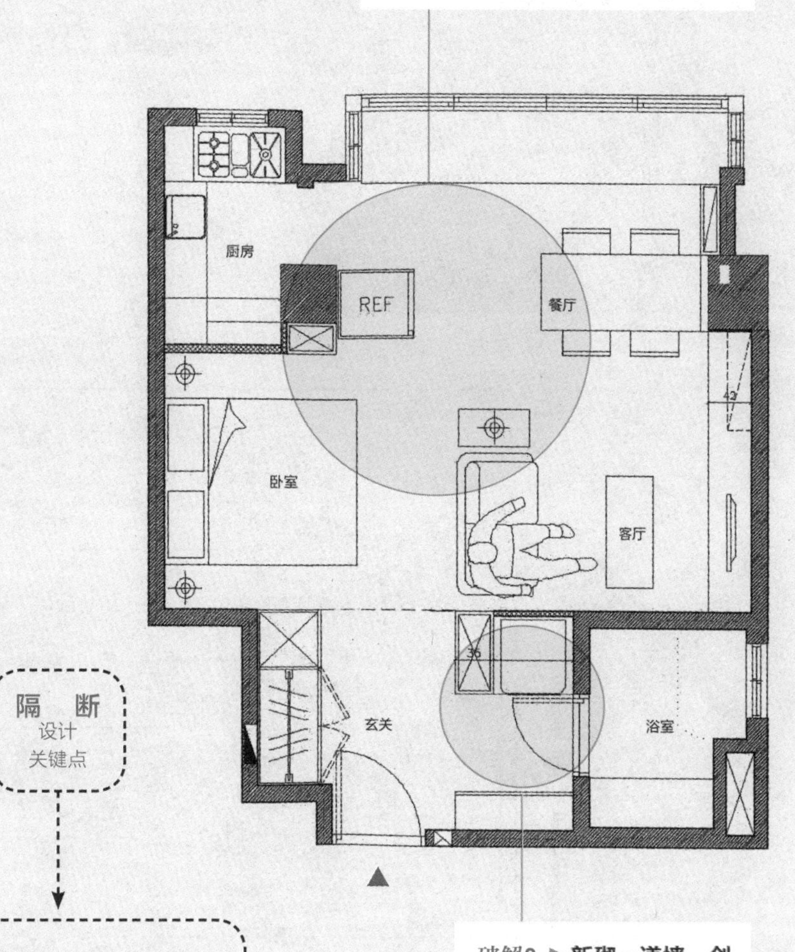

隔 断
设计
关键点

家具取代墙界定空间功能

面积不大的小住宅里，可以不全使用实体隔断墙做空间之间的界定，而以家具、设备取代，宛如形成一道隐形的隔断，空间既能被有秩序地划分，同时也能形成宽阔、舒适的视野。

破解2 ▶**新砌一道墙，创造空间附加价值** 卫浴与玄关之间有一个小畸零区域，在这个环境中特别砌了一道墙，形成进入室内前的缓冲地带，同时也创造出储藏区，增加了环境的附加价值。

实例解析 1

☑套房

让生活大不同的复合功能与弹性隔断

巧妙隔断，打造银发族休闲宅

室内面积：$20\,m^2$
原始格局：一室
格局：一室一厅
居住成员：单人
使用建材：文化石、木皮、超耐磨木地板、灰镜、系统柜

文／刘芳婷　空间设计暨资料提供／绮寓设计

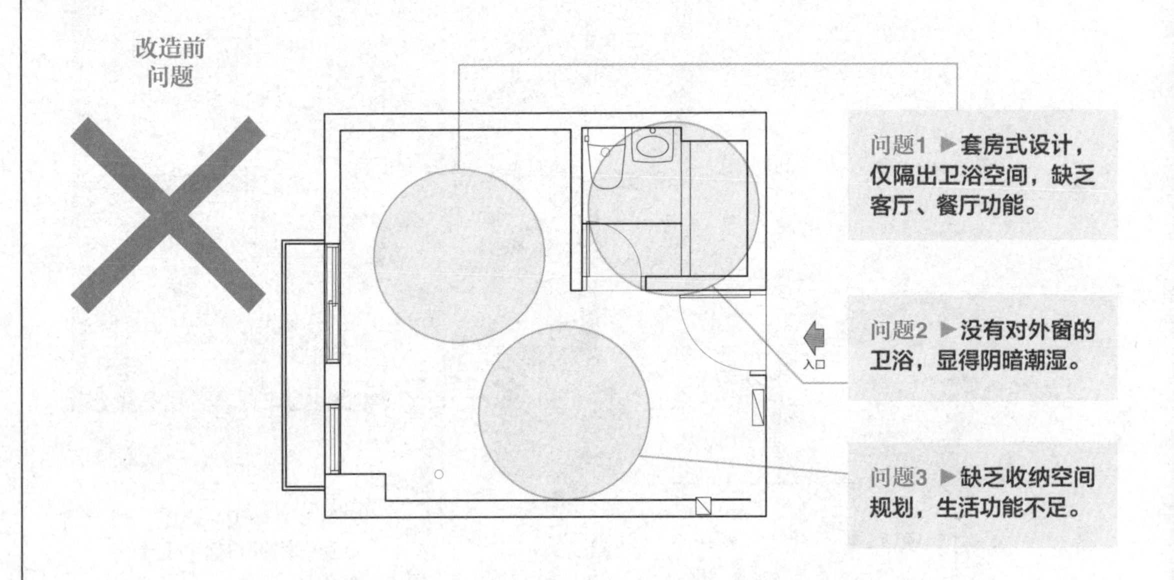

隔断+家庭成员思考

适合独居长者的功能宅

一人独居的银发族，将这间住宅视为打坐、休息的休闲宅，但是却需要五脏俱全的功能配置。设计师以寝居空间为中心，结合客厅、餐厅复合功能，让日常生活所需在便捷的动线中完成。将没有对外窗的卫浴，挪至面窗区，不仅改善了采光，也让动线更流畅。须隔绝油烟的厨房，则以英式谷仓拉门区隔、定调空间风格，兼具隔绝油烟的实用功能。

改造后
破解

破解2 ▶**浴室变衣柜，拉大空间尺度** 拆除没有对外窗的卫浴隔断，改成与寝居区连成一气的衣柜，开放式的设计，让整个空间打开，尺度放大。

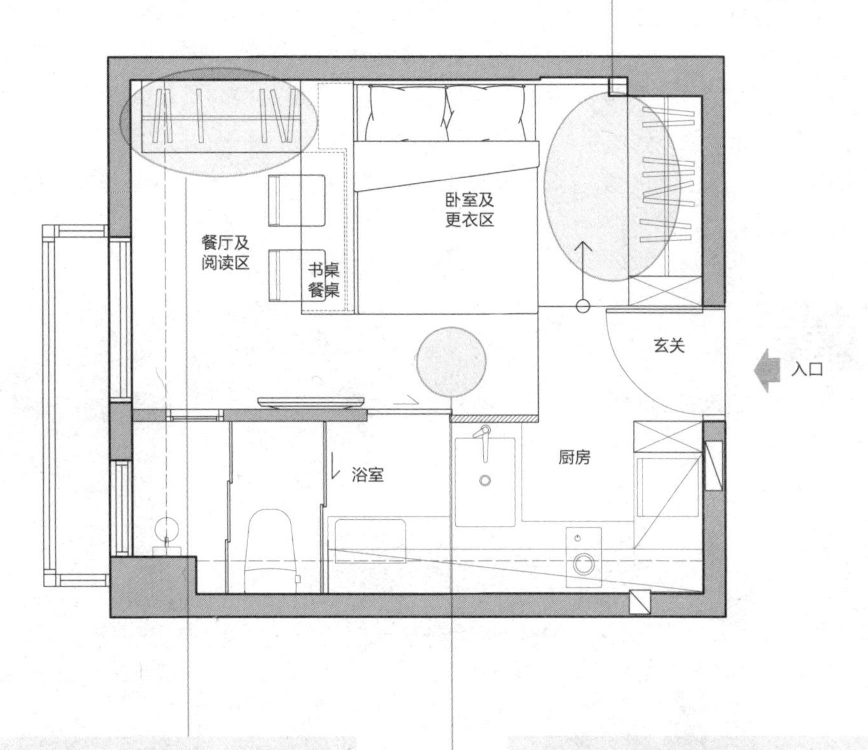

破解3 ▶**大容量收纳柜满足功能需求** 将客厅、餐厅的功能纳入寝居空间中，并在床的两侧配置大容量收纳柜，创造麻雀虽小，五脏俱全的充足的生活功能。

破解1 ▶**整合空间轴线更好用** 以长者使用的便利性为出发点，规划最省时、省力的简洁、流畅动线与格局，创造舒适、优雅的生活空间。

改造关键点

1. 重新安排空间格局，将套房式的设计变成兼具客厅、餐厅、厨房、卫浴的配置，符合银发族一人独居所需。
2. 以开放的寝居区为中心，在床边增设多功能吧台桌，形成隐性空间界定，利用卫浴隔断配置电视墙，使客厅、餐厅的复合功能融入其中，让日常生活所需在最便捷的动线中即可完成。
3. 厨房与卫浴配置在同一轴线上，洗手台刻意拉出，再以及顶谷仓拉门与寝居空间做出区隔，借此隔绝油烟，也让风格定调。

好隔断清单

□将卫浴挪至采光、通风良好的面窗区，用电视墙与寝居区隔开。

□寝居区旁增设吧台，不仅形成空间界定，也实现了用餐、阅读的复合使用功能。

□及顶拉门取代厨房、卧室隔断，拉门关起可隔绝油烟，门板开启，又可串联起空间。

将出租套房收回，改成银发族一人独享的休闲宅。拆除原本没有对外窗的卫浴隔断，挪至窗边，改善采光、通风，并且与厨房配置于同一轴线上。利用电视墙界定寝居区与卫浴，再以大片拉门与厨房区隔。通过重叠利用及复合功能的设计概念，在床边增设吧台桌，作为餐桌与书桌，让开放的寝居区结合客厅、餐厅功能，且放大了空间尺度，床的两侧规划大容量收纳柜，床架下则是开放式层架，满足收纳需求。

▶电视墙隔断，满足复合功能

利用电视墙与卫浴区隔，在开放的寝居区增设吧台。重叠利用的设计，既满足复合功能，也放大了空间尺度。

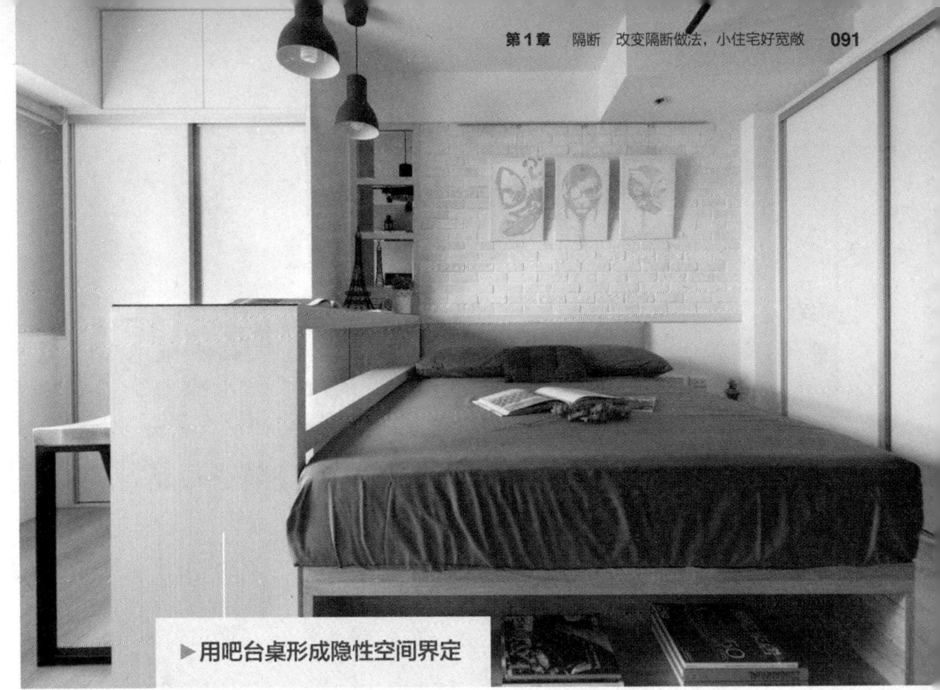

▶用吧台桌形成隐性空间界定

原有卫浴隔断被拆除后，改设衣柜，并结合开放式寝居设计，令空间放大。床边则增设吧台，不仅实现餐桌、书桌功能，同时形成隐性空间界定。

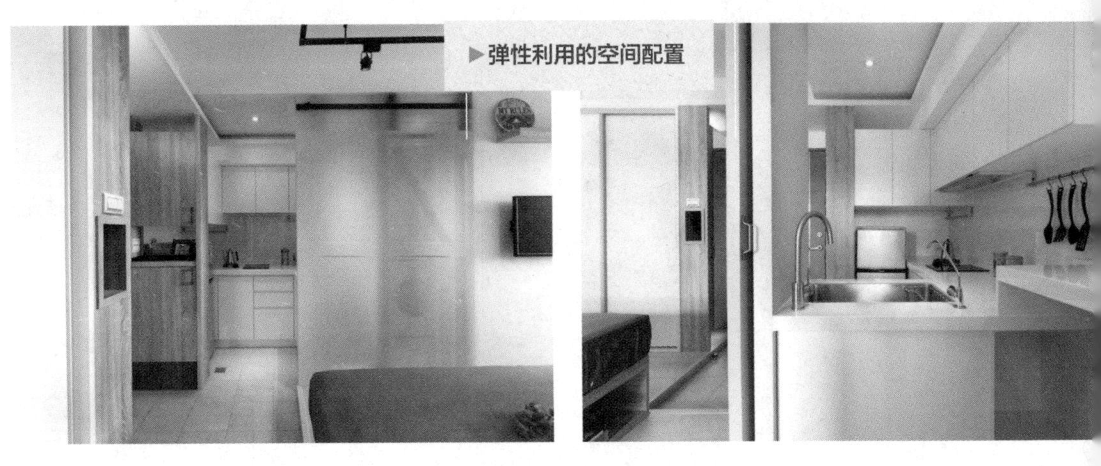

▶弹性利用的空间配置

将卫浴的洗手台挪出，与厨房串联在一起，并利用及顶的谷仓门界定厨房和卧室，既可界定空间、隔绝油烟，当拉门敞开时，又让空间得以延伸、放大。

立面设计思考

思考1. 风格鲜明的大尺度拉门

电视墙旁边就是及顶的谷仓拉门设计，不仅定调了空间风格，同时也让空间尺度得以向上延伸，更可以达到界定空间、隔绝油烟的实用效果。

思考2. 引进光线的卫浴开口

为了让卫浴采光充足，于是从原本入门的位置挪至面窗区，且与寝居区连成一气，利用电视墙旁的长形开口，引进光线，搭配百叶帘的设计，确保了隐私。

实例解析 2

☑单层

游艇式规划，斜形设计拉长使用尺度

单身男子专属，功能重叠放大居家空间

室内面积：50 m²
原始格局：出租办公室、前后阳台、一浴室
格局：一大主卧、餐厨区、多功能区、书房、一卫浴
居住成员：单人
使用建材：橡木实木、烤漆、灰色玻璃、玻璃砖、无接缝地板、条纹玻璃

文／黄婉贞　空间设计暨资料提供／子境空间设计

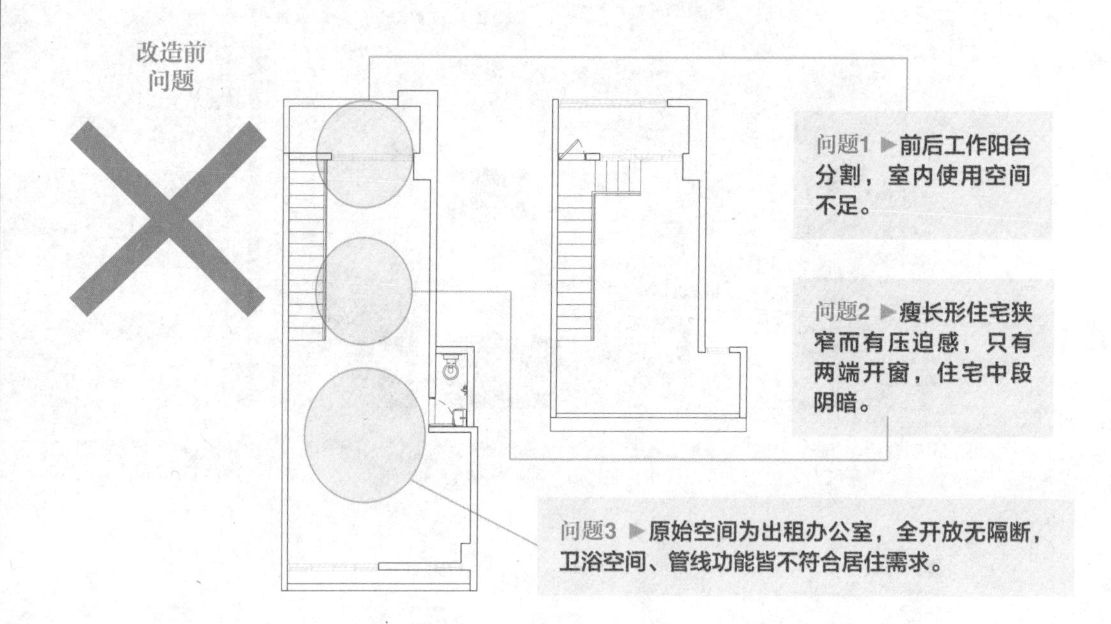

隔断+家庭成员思考

从实际需求调整串联功能

50 m²的狭长形公寓作为单身男子的居住空间，虽然同样是以全开放空间设计为主轴，但与原始空旷的样子不同，是依据实际使用状况与相对关系重新进行排列组合。使用频率最高的餐厨区与大主卧相邻，而书房、多功能区则安排在临窗处。

改造关键点

1. 同一区块拥有两种以上重叠功能。
2. 整理阳台的同时亦重新规划L形对外窗，放大开窗面积，使空间更加明亮。
3. 拉门与梯间隔屏等主要隔断选择玻璃材质，令光线在室内自由流动。

好隔断清单

□起居室、寝区、卫浴与更衣间大集合，组构舒适的大主卧，和餐厨区相邻，同时运用条纹玻璃拉门视情况开放或区隔。

□工作区、用餐区规划于餐厨吧台，位于住宅中段精华区；斜形桌面延伸使用长度。

□打开临窗区L形采光窗面，合并多功能区与书房，令功能更加完备。

原始住宅为出租办公室，全开放空间加上截然不同的管线配置，要变更成居住用途，只能从头开始规划。针对单身男子的住所，设计师着重于提升生活质感——扩大卫浴空间、增加书房与多功能区，掌握“功能重叠”的关键，将住宅划分为三大区块，分别是餐厨与办公区、起居室与主卧、临窗区的多功能客房和书房。在设计细节中融入男主人喜爱的时尚几何切割，更巧妙地融入游艇概念，运用斜形吧台拉长使用面积，铺贴舒适的质感柚木实木面板，满足用餐、办公等使用需求，成功化解住宅狭窄的问题。

▶斜形设计模拟游艇设计细节

在因楼梯设置导致更加狭窄的住宅中段，吧台与拉门以斜形规划放大使用面积，搭配天花、壁面的非线性设计细节，令住宅呈现出游艇般的精致形象。

从一楼车库往上，运用大面积灰色玻璃璃铺贴楼梯间，将下方开窗光源导入住宅最阴暗的中段区域。

▶灰色玻璃璃楼梯间导光入室

▶根据楼高规划书房细节

高书房处架高地板，让下方楼梯达到 2 m，使爬上爬下都无须低头，而临窗区则利用其高低差形成书房、多功能区的自然分隔。

▶功能重叠成便利寝区

将屋主使用频繁的主卧、起居室、卫浴与更衣间整合为一处，成为功能便利的宽敞私人空间。

立面设计思考

思考1. 楼梯间灰色玻璃璃成为住宅中心的导光盒

将建筑原有的楼梯纳入设计思维中，在住宅中段以8 mm灰色玻璃璃圈围出低调透光的方形盒子，让屋主在实际使用时，无论是开窗引入自然光或室内人造光，里外皆能互享明亮，成为方便的设计细节。

思考2. 玻璃砖打破实墙隔断，打破闭塞感

卫浴与更衣间是全开放住宅当中少数的独立隔断，为了破解封闭隔断带来的闭塞感，设计师特别选用玻璃砖做墙面，利用其透光不透影的特质，除了放心享受穿透的舒适感外，浴室灯光在睡觉时亦能作为小夜灯使用。

实例解析 3

□套房 ☑挑高 □单层

集中收纳、寝区，小套房的效率功能重现

可共享也有独处空间的二人生活

室内面积：33 m^2
原始格局：厨具、卫浴
格局：餐厨区、客厅、书房、架高寝区、一卫浴
居住成员：夫妻
使用建材：超耐磨地板、强化茶玻、黑板漆、造型壁贴、栓木皮、喷漆

文／黄婉贞 空间设计暨资料提供／明楼室内装修设计

改造前问题

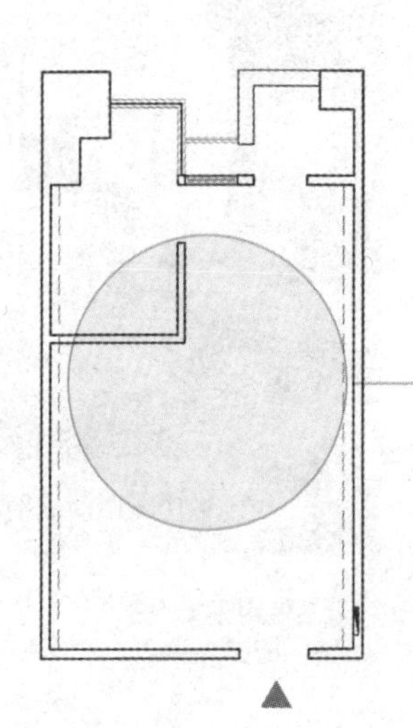

问题1 ▶虽然住宅小，屋主希望夫妻两人同时在家时能拥有各自独处的空间。

问题2 ▶极需充足的收纳空间，但不能阻碍动线，造成压迫感。

问题3 ▶开发商原始预埋的管线不符合屋主的实际生活需求。

隔断+家庭成员思考

从需求衍生出夹层与功能配置

在夫妻二人的实际使用上，除了一般餐厨、客厅、主卧，还需要充足的收纳空间与在家工作时可用的桌子，加上每个空间不同的隐私需求，因此便衍生出架高主卧结合收纳区的大型量体，让住宅从平面走向立体，公私区域彻底分离。

改造后
破解

破解2 ▶**架高寝区下集中收纳** 将收纳柜体、衣橱等大型家具集中规划于架高寝区下方，方便收纳。

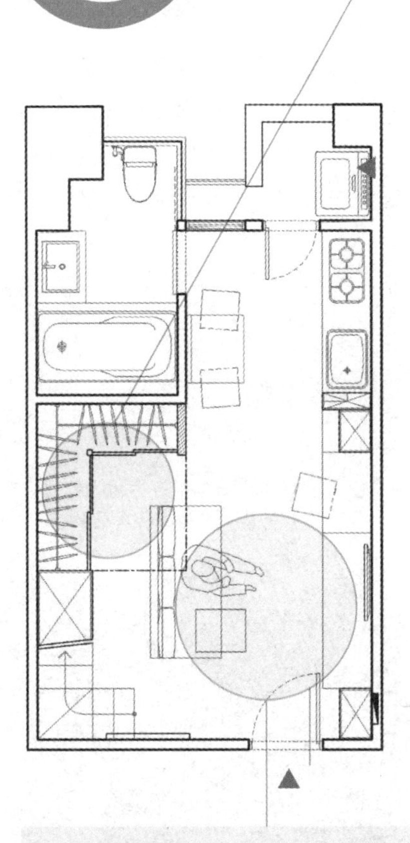

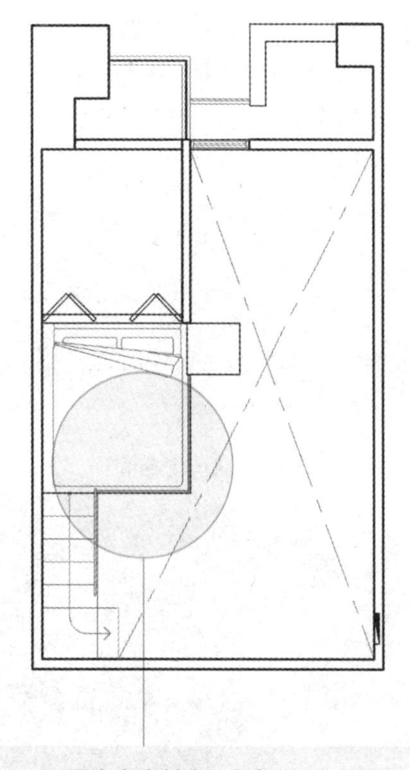

破解3 ▶**过道安排各种功能** 变更原有管线，将客厅置中，其余重要的生活功能则分布于一字形过道两侧。

破解1 ▶**垂直高度创造私密寝区** 延伸原有卫浴隔断规划，架高寝区，方便屋主夫妻能借助高低差空间享受独处时光。

改造关键点

1. 将住宅划分为二，分别为寝区 + 收纳区与另一侧的公共厅区。
2. 运用立体规划的高低差，打造出同处一室却能各自独处的隐形隔断效果。
3. 功能区皆位于同一轴线，无须浪费多余的走动时间，打造高效、舒适的生活空间。

好隔断清单

□全开放式住宅以架高寝区做主要设计架构，立体设计提升空间使用率。

□集中衣橱、收纳空间于寝区下方，确保半侧镂空，让单侧开窗光源能直达住宅最内侧。

□主要公共功能区皆位于一字形过道两侧，保留最精简、最有效率的动线。

在仅有33 m²的空间中，两人仍旧希望偶尔拥有独处的时光与可用来待客的完整客厅，因此改变开发商原有一进门即客厅的格局规划，以局部架高方式，把空间划分为左侧夹层结构——寝区＋收纳空间，柜体集中于下方，降低大型封闭量体造成的压迫感；而右侧客厅置中，餐厨、书房等功能相邻形成一字形轴线，使用上更加便利。

▶架高区下方大容量收纳空间

寝区下方与阶梯处皆为抽屉、柜体收纳区，小住宅也能拥有大量的收纳空间。

33 m² 的大套房主要分为左侧架高区与右侧一字形功能轴线，无实体隔断规划让自然光源能照入住宅最内侧。

住宅虽小仍拥有完整的客厅，方便屋主待客使用，左侧则利用楼梯过道处设置书报杂志区，打造温馨的阅读角落；架高高低差则能在小空间中区隔出彼此的独处空间。

架高寝区以茶玻璃做圈围，保障安全与隐私。枕头后方则为卫浴，上方的储藏空间，可供屋主收纳大型棉被、行李箱使用。

▶茶玻璃保障架高区的隐私与安全

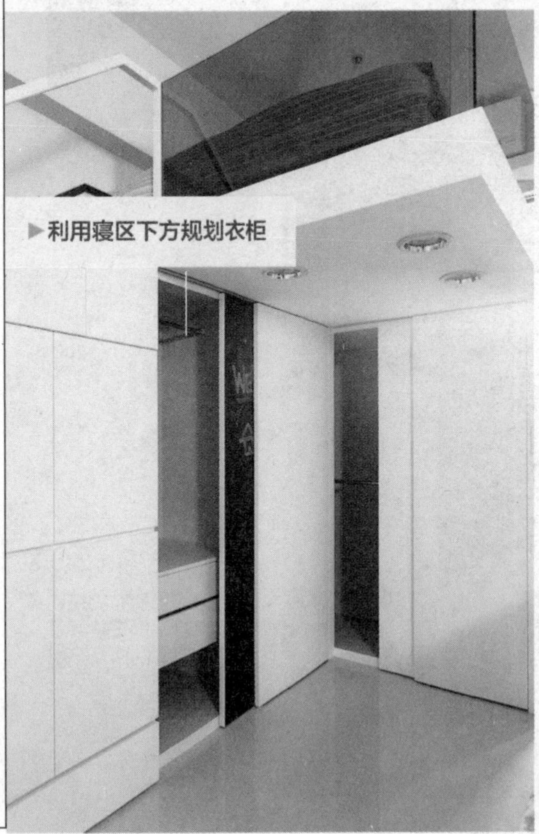

▶利用寝区下方规划衣柜

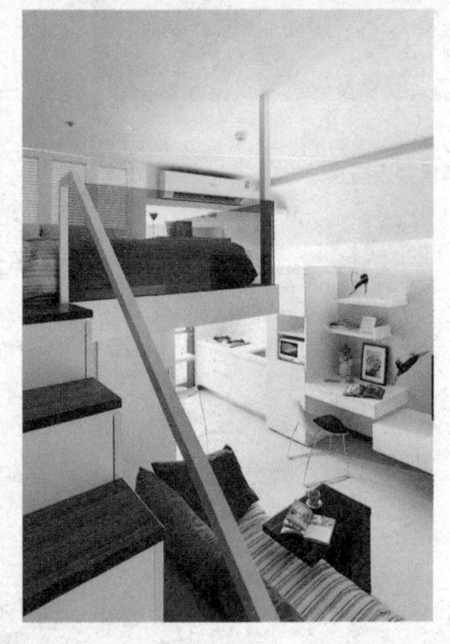

将衣柜安排在架高寝区下方，1.9 m 的高度方便屋主直立取物，拉门也是黑板墙，增加空间的丰富性。

餐厨区、书房、客厅皆位于住宅的一字形功能轴线上，只要转身便能轻松满足各种生活需求。上方圆弧天花遮蔽大梁，同时规划间接灯光补足室内光。

用餐区规划在过道靠墙侧，用完即可放下的收纳壁面设计，为住宅争取更多使用的便利性；一侧的茶镜具备穿衣镜与延伸视觉的双重用途。

立面设计思考

思考1. 鲜黄色为空间带来活泼、温暖的氛围

室内壁面大量喷涂屋主喜爱的嫩黄色，为空间带来温暖、明亮的氛围。此外点缀女主人喜欢的猫咪壁贴，活泼的身影在住宅的每个角落陪伴着夫妻二人。

思考2. 在书报架阅读区享受悠闲午后

女主人从外地影集获得书报架概念，设置于楼梯旁，仅需12 cm的厚度即能打造专属阅读区，享受直接坐在楼梯上随性阅读的悠闲时光。黄色壁面衬底搭配白色架子，令远离窗户的内侧壁面仍具备充足的活力与明亮。

实例解析 4

□套房☑挑高□单层

夹层规划 增加 7 m² 使用面积

一家三口共享功能完整的住宅

室内面积：40 m²
原始格局：无隔断毛坯屋
规划后格局：两室两厅一卫、储藏室
居住成员：夫妻 +1 个女儿
使用建材：白色喷漆、人造石、抛光石英砖、玻璃

文／黄婉贞　空间设计暨资料提供／瓦悦设计

改造前问题

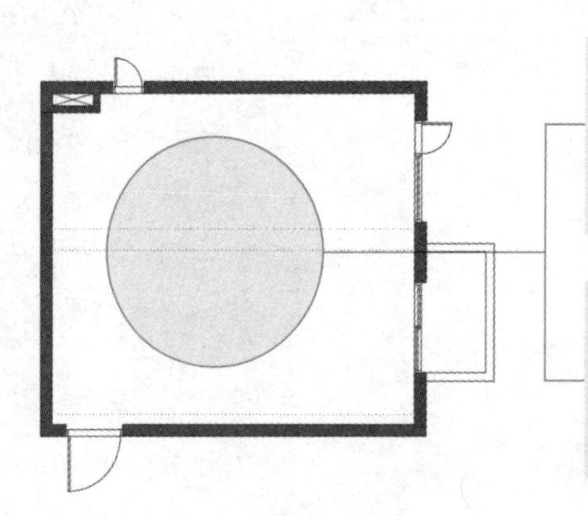

问题1 ▶平面面积仅 40 m²，除了主卧实在挤不出另一间独立的房间。

问题2 ▶客厅、餐厅、厨房与主卧几乎占据一楼空间，收纳柜体要放哪儿令人烦恼。

功能+生活动线思考

夹层双层寝区，解决房间不足问题

40 m²的面积刚好可供夫妻二人生活起居，但要再加上一个成年女孩能够使用的独立房间就太过勉强，立面规划势在必行；然而女儿在外求学只有偶尔回来住，使用频率不高，夹层区的多功能寝区刚好能解决房间不足的问题。此外，恼人的收纳空间除了融入夹层结构当中外，也可变成双面柜融入隔断墙中，住宅内每平方米空间都不浪费。

改造后
破解

破解1 ▶**局部夹层规划女孩房** 住宅楼高3.2 m左右，因此选择局部做夹层设计，满足必要的生活功能需求又不至于给人以过度的压迫感。

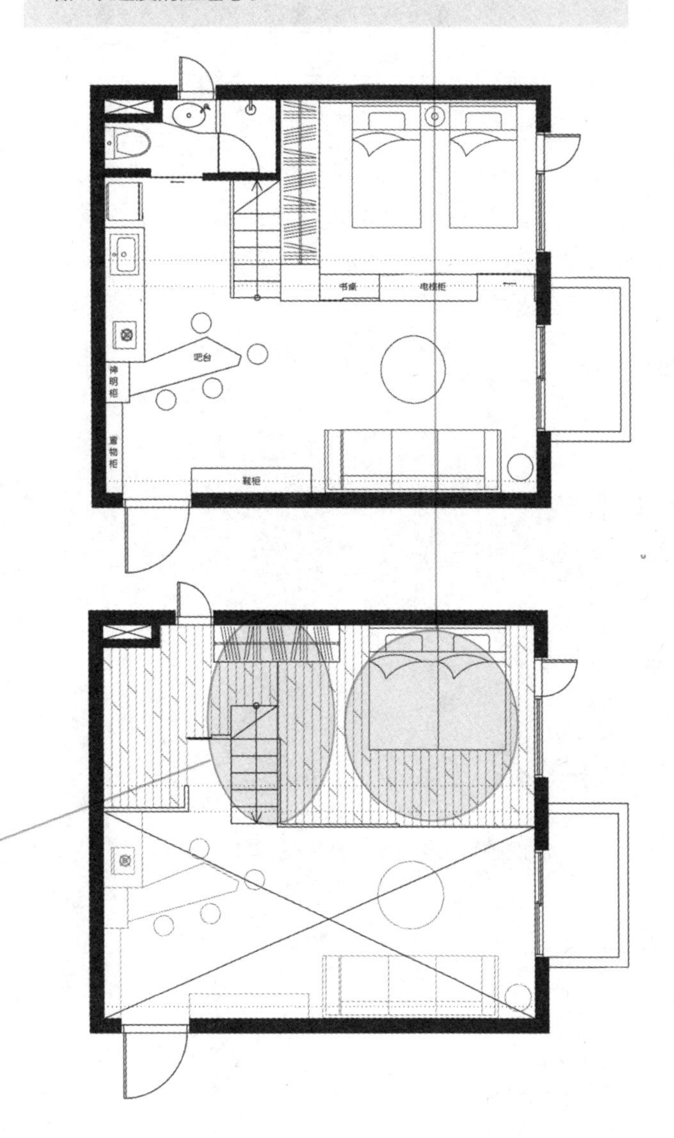

破解2 ▶**楼梯、挑高衍生收纳功能** 集中收纳于架高的楼梯处、浴室上方的储藏空间，或以双面柜方式藏于客厅与主卧之间。

改造关键点

1. 既然平面空间不够，就运用立面夹层规划女孩房。
2. 将房间与客厅安排在临窗处，享受充足光源；位于住宅深处的开放餐厨区则借助开放式的设计共享明亮。
3. 除了集中收纳柜体外，客厅与主卧更运用双面柜设计，争取每平方米的使用空间。

好隔断清单

□一楼规划L形主要功能厅区、主卧，出外求学的女儿回家则可住在2楼夹层，为住宅多争取了7 m²的实际使用空间。

□重点收纳柜体集中于住宅中央的楼梯区与浴室上方的小储藏空间。

□缩小开发商预留的卫浴空间，将厨房放大1／3，提供更充足的活动与收纳空间。

屋主夫妻当初购入时为40 m²无隔断的毛坯屋，考量到平面实在太小，容不下主卧以外的独立女孩房，设计师特别将楼高仅3.2 m的住宅，以局部夹层方式立体切割，凭空创造17 m²空间；并为屋主夫妻规划出两室一厅一厨的经典实用格局，集中收纳则规划于架高结构与卫浴上方的小储藏室，妥善的功能安排让一家人入住后不用再为格局而苦恼，能好好享受无拘无束的居家氛围。

►通过窗户和光源，减弱夹层量体的压迫感

将客厅与上下两个房间安排于最明亮的临窗处，通过白色、清玻璃开孔与灯光配置，破除大型量体所带来的压迫感。

▶楼梯下方也是厨房电器柜

住宅主要收纳空间都集中于架高区域，其中楼梯下方除了可收纳杂物外，更是厨房的电器柜。

虽然夹层空间只有 1.28 m 高，但也是可供坐卧的舒适寝区，重叠功能手法为住宅增加了 7 m^2 的使用空间。

▶多了夹层就是多7 m^{2}的使用空间

在餐厨区与卫浴的比例上，选择压缩、拉长原本的卫浴空间，满足基本干湿分离的使用功能，争取出的空间则留给厨房，至少增加了 1 / 3 的收纳、烹饪、过道空间。

▶压缩卫浴，释放空间给餐厨区

立面设计思考

思考1. 纯白空间延伸视觉，达到放大、无压的效果

全室地面、墙壁、天花板采用抛光石英砖、喷漆、系统板、人造石等材质，相同点为皆以白色为基调，清浅色调让视觉无限延伸，达到放大效果。

思考2. 白色、穿透、灯光三要素减轻夹层隔断带来的压迫感

临窗处以架高结构规划两层寝区，通过白色喷漆、上方区块改用清玻隔断搭配灯光效果，顶天立地的巨大量体所带来的压迫感顿时消失大半。

实例解析 5

☑套房□挑高□单层

三面式收纳柜划设公私区域

一个人住也有卧室、大书墙与大餐桌

室内面积：33 m^2
原始格局：厨房、浴室
规划后格局：一室一厅、书房
居住成员：单身
使用建材：镜面、系统柜、涂料

文／许嘉芬 空间设计暨资料提供／云墨空间设计

改造前问题

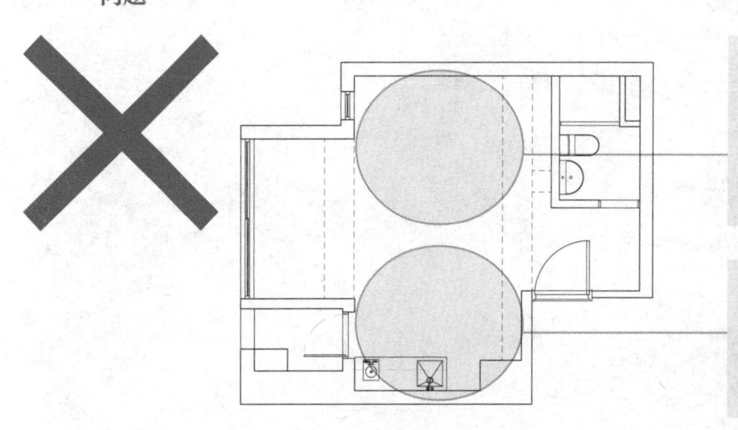

问题1 ▶属于套房形式的新居，公私区域毫无隔断，虽然是一个人住，也希望能有独立的卧室隔断。

问题2 ▶3 m^2的空间仅有短短的一字形厨具，餐厅格局也难以规划，一旦配置不当就会产生压迫感。

隔断+家庭成员思考

复合柜体同时兼作卧室隔断

一个人居住的小房子，隔断规划比起小家庭可以更不受拘束，无须受限于几室几厅的概念，然而由于屋主收藏许多漫画，在无法多一室的情况下，采取集中式收纳柜体设计，比起独立的空间反而更好用。

改造后
破解

破解1 ▶**柜体当隔断，满足格局与功能** 利用衣柜和书柜作为隔断设计，巧妙划设出卧室格局，除了释放空间的宽阔性之外，无形中也创造了许多收纳功能。

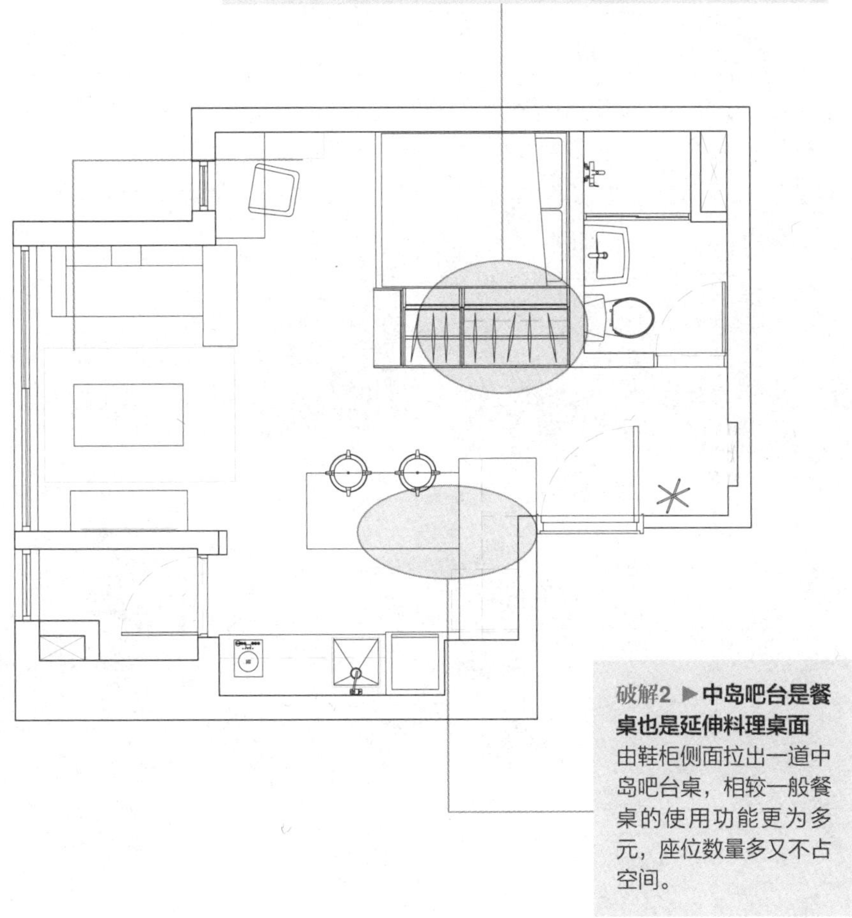

破解2 ▶**中岛吧台是餐桌也是延伸料理桌面**
由鞋柜侧面拉出一道中岛吧台桌，相较一般餐桌的使用功能更为多元，座位数量多又不占空间。

改造关键点

1. 由于预算有限，尽量减少不必要的木作工程，同时为了保持空间最大的宽敞度，天花板仅将大梁修饰及提供间接照明，裸露原始的结构面。
2. 空间小就必须通过统整线条与功能的做法，例如鞋柜延伸厨房吊柜，甚至是兼具三种以上的收纳柜体取代隔断，如此才能让空间放大并达到实用。

好隔断清单

□利用衣柜和书柜组成的三面柜体，巧妙地将空间划分出公共、私密区域。

□玄关吊柜、台面转折延伸为厨房层架与电器收纳空间，以各式收纳量体作为不同空间的隐性界定。

□厨房增设中岛吧台的开放格局概念，争取开阔感与舒适度，且满足用餐、工作等需求。

只有33 m²大的空间，想要有独立的卧室，还要有能和朋友吃饭聊天的餐厅，又收藏了好多漫画，这些有可能办到吗？谢维超设计师以衣柜和书柜所组成的储藏区将空间一分为二，区隔出公共和私密两个区域，而三面皆可使用的集中式收纳柜，满足了客厅、卧室不同的收纳功能，也节省了储藏柜分散设置时会因增加过道而浪费掉的空间。

面对走道的这一面规划为衣柜，邻近大门与卫浴，动线十分流畅，因位于玄关、餐厨的过道上，柜体门板特别贴饰镜面，一来有反射扩大空间的效果，再者也是实用的穿衣镜。

►贴饰镜面可放大空间也可当作穿衣镜

进门右侧规划的鞋柜一路转折发展出工作台面、层架，台面下能隐藏洗衣机，桌面上也能摆放小家电，而中岛吧台桌对于料理的前置作业也便利许多。

利用进门处的空间规划了一个可三面使用的收纳柜，一并成为卧室的隔断，让卧室与公共厅区有所区隔，面向床铺的部分则包含了漫画柜，床铺以下的深度则是上掀式的杂物收纳柜。

立面设计思考

思考1. 柔和温暖的木纹基调

系统柜为主的小住宅，精选钢刷横压纹实木皮和米色雾面钢琴烤漆，两者温润而柔和，营造出低调温暖的人文氛围。精致的系统柜与天花板裸露的粗犷，在对比之下凸显出冲突性的设计感。

思考2. 善用色差张力拉大空间感

内缩的客厅墙面，特意刷上柔和的淡蓝色调，与其他以白色为主色的墙面产生微小的色差，加强了此区的透视感，让空间深度在视觉上有往后放大的效果。而入口玄关到吧台区的墙面则刷饰淡灰色，一进门便得以转换情绪，沉淀思绪。

第 2 章

动线

动线整合不浪费，小住宅好舒适

关于动线，设计师这样想

01 楼梯尽量轻量化、边缘化

小住宅空间中常见的夹层屋型，为了串联上下楼层免不了要建构楼梯动线，不过楼梯量体大，对小空间来说相当占空间，但又无法舍弃，建议规划时运用将楼梯边缘化与轻量化等原则，避免浪费空间，且巨大量体也会造成空间压力，而楼梯周边的畸零空间则可化零为整地做收纳或展示柜等设计。

02 从生活动线与使用频率思考

小房子屋主多半有着空间有限、欲望无限的感叹。但正因为受限于可用面积不多，因此规划时更要注意比重分配，建议先从生活动线与使用频率来抓出最重要的需求，避免将珍贵的空间浪费在不怎么需要的设计上，例如不开伙的厨房，或是从没人光临的客房等。

03 功能走道提升空间效果

做好动线的设计可省下不少室内空间。由于串联生活起居的走道只是短暂性使用，若走道作为单一用途使用则显得浪费，应结合其他功能规划，例如楼梯下可搭配收纳设计，或者在走道两侧设计书墙或展示柜等具美化兼收纳的设计，通过复合使用概念让走道功能多样化。

04 以退为进的动线设计概念

单纯以动线来思考设计时，顶多只能在既有的走道上增加些使用功能，但若能将“走道”放宽尺度，或许可变为更好用的“区域”。例如原本根本没地方规划书房的小住宅，把走道变宽后放入桌、椅就成了阅读区或午茶区，或是增宽改为吧台区，以退为进地让动线变为设计亮点。

05 回游形动线让生活变得更有趣

空间不大，动线自然就短促有限，而一目了然的住宅风景会让生活画面变得无聊，其实可利用环绕、回游的动线设计，使空间场景有如捉迷藏般地产生变化。为了实现连续的动线可打开局部隔断，同时搭配隔断错位的设计，产生见不到底墙的感觉，也可以让人产生空间变大的错觉。

06 串联常用功能就是最佳动线

动线其实是一种隐形的功能连接，良好的串联会让生活更加事半功倍，例如客厅、餐厅、厨房是最常见的连接区块，因为使用频率高，加上拥有时常互动的关系，就非常适合规划在一起。

07 保护私人区域不受干扰

避免私人区域遭干扰，也是动线安排的注意事项，例如睡寝区、需专心读书工作的书房等处，最好都能规划在动线末端或是走动较少的边缘地带。

08 动线转角处须保障安全与舒适

小住宅面积有限，充足、有效的收纳规划很重要，但柜子一多，边边角角不仅让人看起来不舒服，更难免成为走动上的阻碍，因此在狭窄的过道转角处如玄关、厨房入口等地，可选择柜子斜切、圆弧等造型，令动线更加流畅，保障使用安全。

09 过道采光成视觉导引与安全照明

在走道、楼梯等动线旁增设间接光源或在地坪埋LED灯，除了具备视觉导引作用外，夜间更可作为不刺眼的安全照明，在壁面上下缘的柔和光源，亦能达到放大空间、使量体轻盈的作用。

10 住宅走道宽度不要小于 0.8m

住宅面积有限，但动线有如连接各功能部位的筋络管道，太宽浪费空间，过窄则显得局促紧迫，走道宽度建议在0.8 ~1.2 m间，可视住宅实际使用状况调整。

11 折叠拉门解决住宅宽度不足问题

83 m²以下的小空间，为了提升面积使用率与动线灵活性，活动拉门是常见的设计元素。需注意的是，当住宅左右宽度不足以容纳门板尺寸时，可改用折叠门收纳于邻近垂直壁面上。

12 创造零动线的最佳使用效率

厨房是住宅功能要求最高的区块，要在短时间内满足烹饪、清洁、处理食材等多重需求，一般以L形厨具规划最能达到“零动线”效果——亦指在0.75 ~ 0.9 m内，将洗碗槽、炉具、冰箱等安排于符合使用习惯的最佳位置，在尽量不移动的情形下完成所有动作。如此一来，下厨不但省力、省空间，工作效率也会更高。

状况 05 ▼

公共空间在前后两端，走动距离长

平面图破解 手法 1

□套房□挑高☑单层

回游形动线
带来开阔感与实用功能

室内面积：56 m²
原始格局：**一室两厅** | 完成格局：**一室两厅、工作区、更衣间**
居住成员：**两人**

文／许嘉芬 空间设计暨图片提供／实适设计

56 m²的长形街屋，原有室内通风、采光不佳，尤其厨房位于最末端，与前段客厅、餐厅动线分隔两端，对喜爱料理的屋主来说一点都不好用。设计师以回字形动线重新规划格局，将厨房移至前段厅区的窗边，原有浴室改成工作阳台增加洗衣、晒衣空间，原厨房则变成卫浴，并同时变更卧室出入动线，餐厅两侧转变为拉门设计，一边通往卧室，一边则是更衣间、卫浴，这三者的环绕式动线设计便利好用，甚至解决了朋友来访时使用浴室的隐私问题。

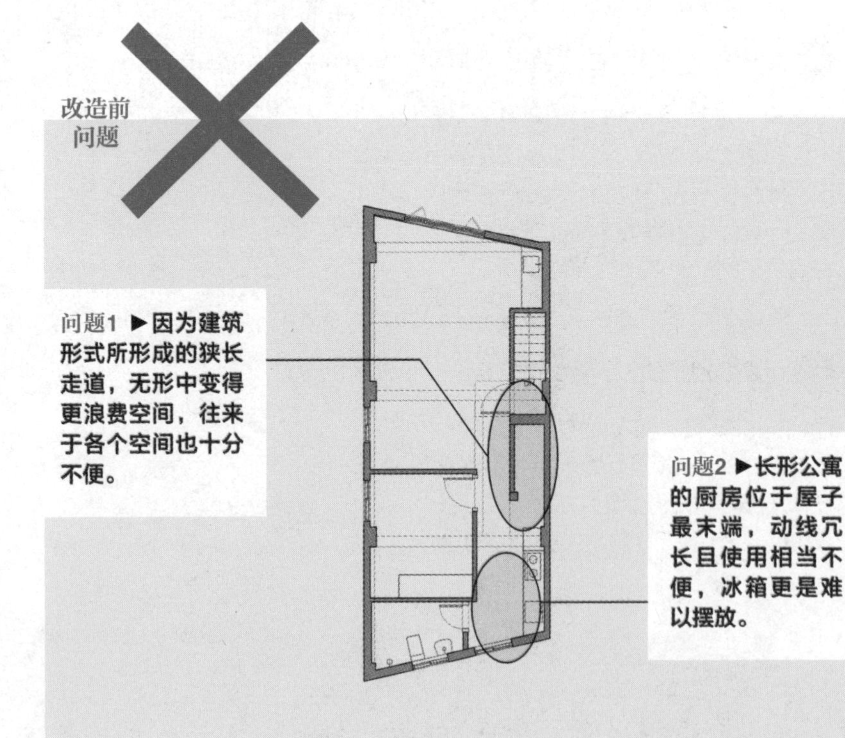

改造后
破解

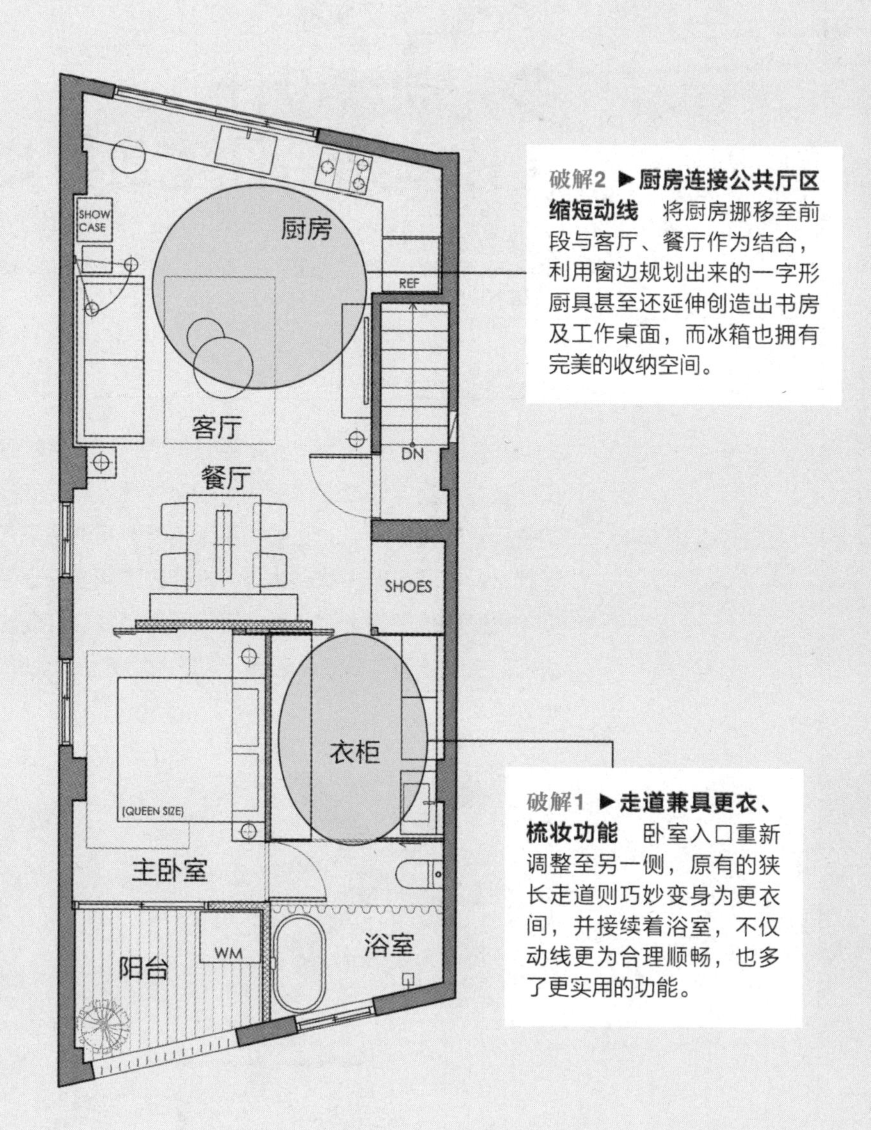

破解2 **▶厨房连接公共厅区缩短动线** 将厨房挪移至前段与客厅、餐厅作为结合，利用窗边规划出来的一字形厨具甚至还延伸创造出书房及工作桌面，而冰箱也拥有完美的收纳空间。

破解1 **▶走道兼具更衣、梳妆功能** 卧室入口重新调整至另一侧，原有的狭长走道则巧妙变身为更衣间，并接续着浴室，不仅动线更为合理顺畅，也多了更实用的功能。

动 线
设计
关键点

自由动线让光线、通风也变好

以回字形动线打造的长形屋，卧室除了有原来的小窗采光，更能通过工作阳台、公共厅区获得充足的光线与通风，且每个空间可各自独立也能全然开放，从客厅或是从卧室都能走到卫浴，使用卫浴的时候也不用担心打扰到别人。

平面图破解 手法 2

□套房□挑高☑单层

多元动线设计，工作室结合住宅也好用

室内面积：53 m²
原始格局：**两室两厅** | 完成格局：**一室两厅、会议区、工作区、储藏室**
居住成员：**夫妻**

文／许嘉芬　空间设计暨图片提供／甘纳空间设计

53 m²的小住宅挑战不在于需要很多功能，而是它除了是住宅也身兼工作室的用途，兼具工作室就得思考顾客、员工的行走动线是否会互相干扰；转换为住宅的时候，是否也能流畅地往来于各个公共厅区。因此，设计师运用环状动线与可旋转的隔断去整理工作区、会议区以及中岛餐厨的关系，彼此可连接又可各自独立，同时将功能配置于动线上，空间走道不再只是走道，实际能用的空间超乎想象。

改造前问题

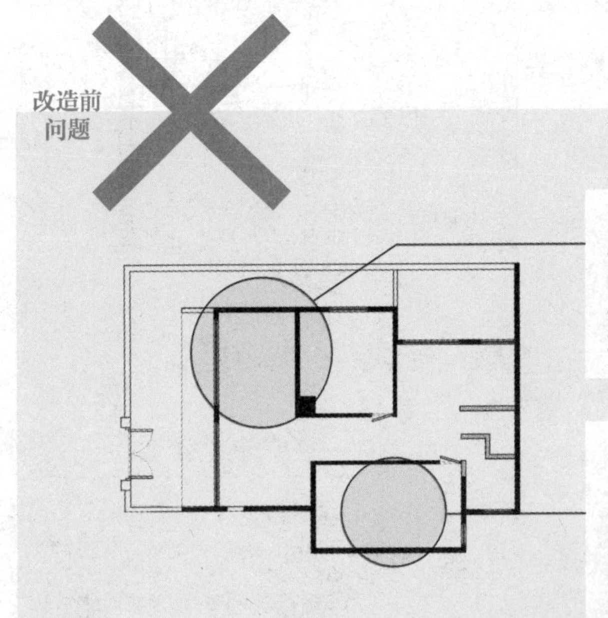

问题1 ▶原本客厅、餐厅各据空间两端，希望用餐时能享受户外景致，同时也兼具开会与接待顾客的功能。

问题2 ▶由于是工作室结合住宅的功能，公私区域的动线规划如何拿捏才能各自独立而又能串联起来，变得相当重要。

改造后
破解

破解1 ▶旋转门板可串联空间又能使其各自独立 将餐厨空间整合移到明亮舒适且看得到庭院的入门处，中岛吧台结合大餐桌的形式，兼具会议与接待用途，另一侧则通往工作区，两者之间以旋转门作为界定，赋予保护隐私与串联空间的多元用途。

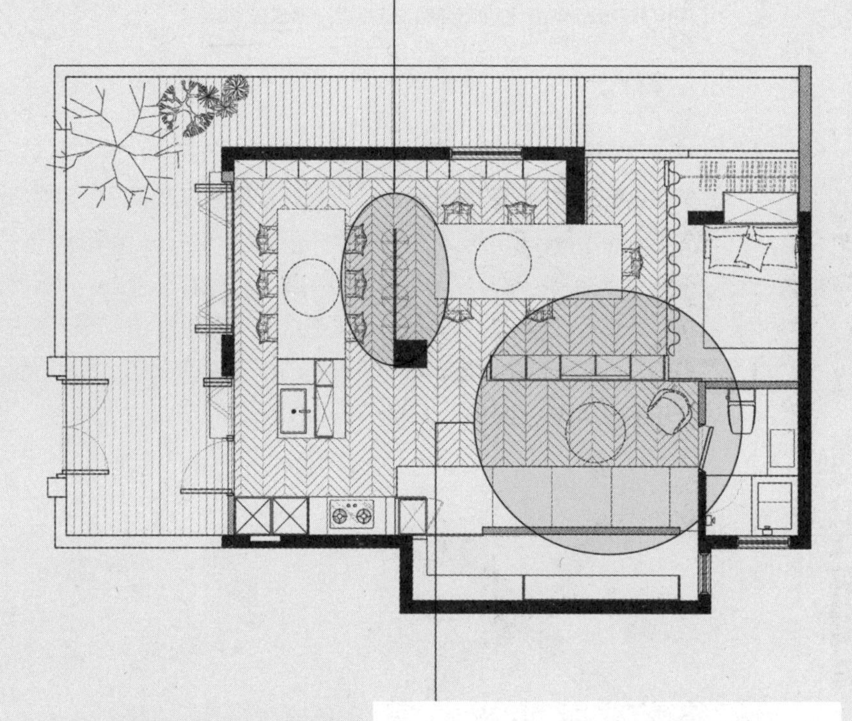

破解2 ▶环状、一字形动线区隔生活与工作 通过环状动线的规划，接待客人与员工出入不会互相影响，员工也能拥有私密的工作区，到了周末假日，生活动线上纯粹就是客餐厅、厨房，避免再度处于工作的环境氛围之下。

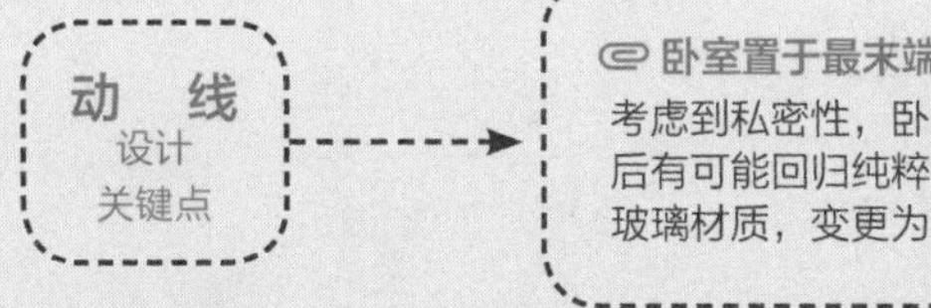

动线设计关键点

卧室置于最末端保有私密与穿透性

考虑到私密性，卧室动线位于空间末端角落，考量到日后有可能回归纯粹的工作室用途，因此主卧室隔断采用玻璃材质，变更为办公室时能与公共空间相结合。

状况 06 ▼

动线迂回，浪费面积

平面图破解 手法 1

□套房□挑高☑单层

打开隔断、移动房门，缩短动线、放大空间

室内面积：**66 m²**
原始格局：**三室两厅** | 完成格局：**三室两厅、储藏室**
居住成员：**夫妻**

文／许嘉芬　空间设计暨图片提供／十一日晴设计

多数屋主选择买新房就是希望能维持既有格局，其实只要拆对墙面，多花一点预算，获得的回馈将是出乎意料的。这间66 m²的新居，如果维持原始格局不动，封闭厨房对于采买、料理而言动线实属不便且拥挤，卧室入口与浴室的转角动线也造成浪费无用，经由设计者的略微整顿，舍弃无用的过道，移动主卧室门，并拆除厨房、书房墙面，行走于室内动线更为流畅、舒适。

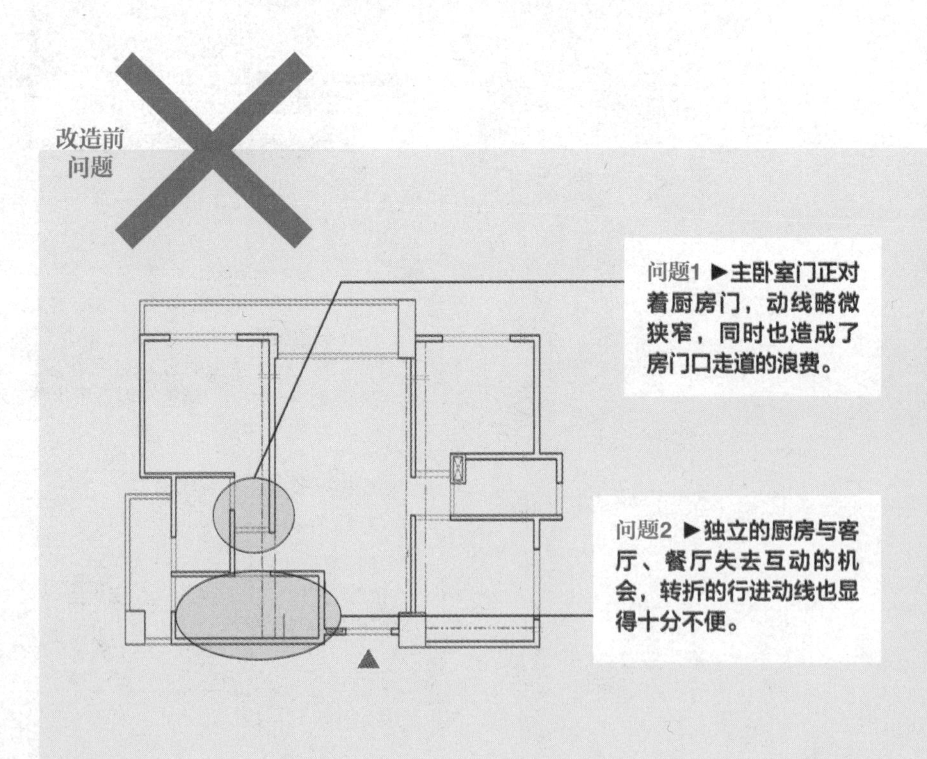

改造后
破解

破解1 ▶改动房门衍生电器柜、储藏室　将主卧室门入口移至电视墙一侧，除了往来其他空间的动线较为方便，原房门前端的空间也充分规划为电器柜与储藏室，一并增加许多收纳功能。

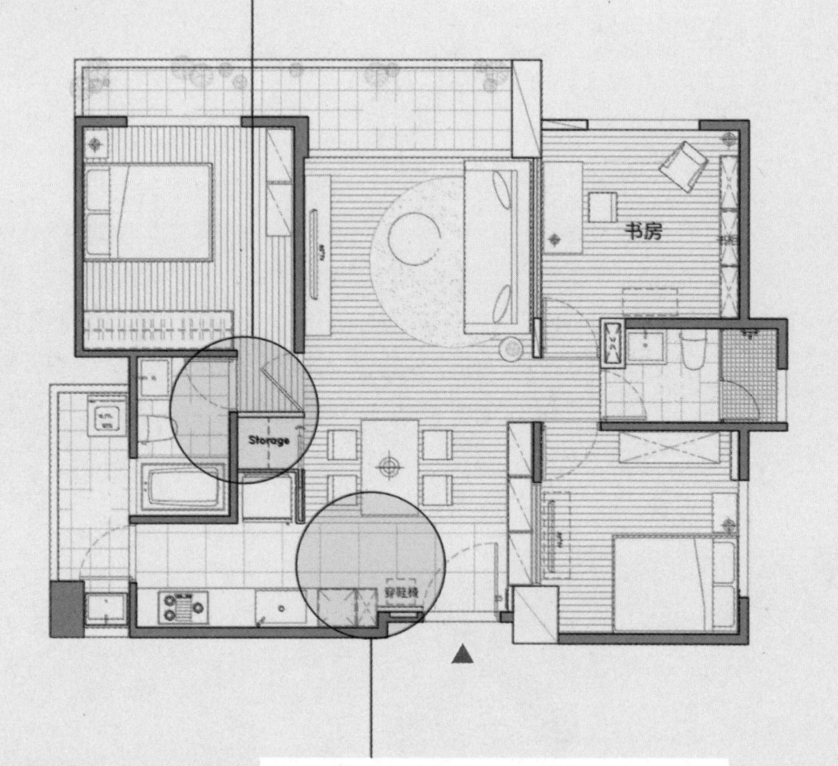

破解2 ▶一字形动线拉大空间视野　取消厨房隔断，与公共厅区形成毫无阻碍的开阔视野，采买食材回家后也能直接到厨房整理，动线缩短了，生活自然变得更有效率。

动　线
设计
关键点

统整门板、柜体立面，空间加倍放大

主卧室门挪动后所创造出来的储藏室、电器柜，加上新设房门采取暗门设计，并结合电视墙面，通过材质色调的一致性，让公共厅区的立面轴线具有整体性，也获得延伸，空间产生放大的效果。

平面图破解 手法 2

□套房□挑高☑单层

集中公共功能区域，规划最短动线，实现最高空间效能

室内面积：**66 m²**
原始格局：**三室两厅** | 完成格局：**三室两厅、储藏室**
居住成员：**夫妻 +1 子**

文／黄婉贞　空间设计暨图片提供／禾郅设计

原始厨房位于浴室旁边，狭小阴暗无对外窗不说，身处住宅的边缘地带，让居住成员每天都得来回频繁走动。为了彻底解决这个问题，设计师采用公私区域分离概念，全盘重新规划，把原本身处两边的卧室区集中至左侧，而厨房顺势挪入释出区域，令餐厅、厨房、客厅呈现完美的三角形，达到最高效率的动线铺排。

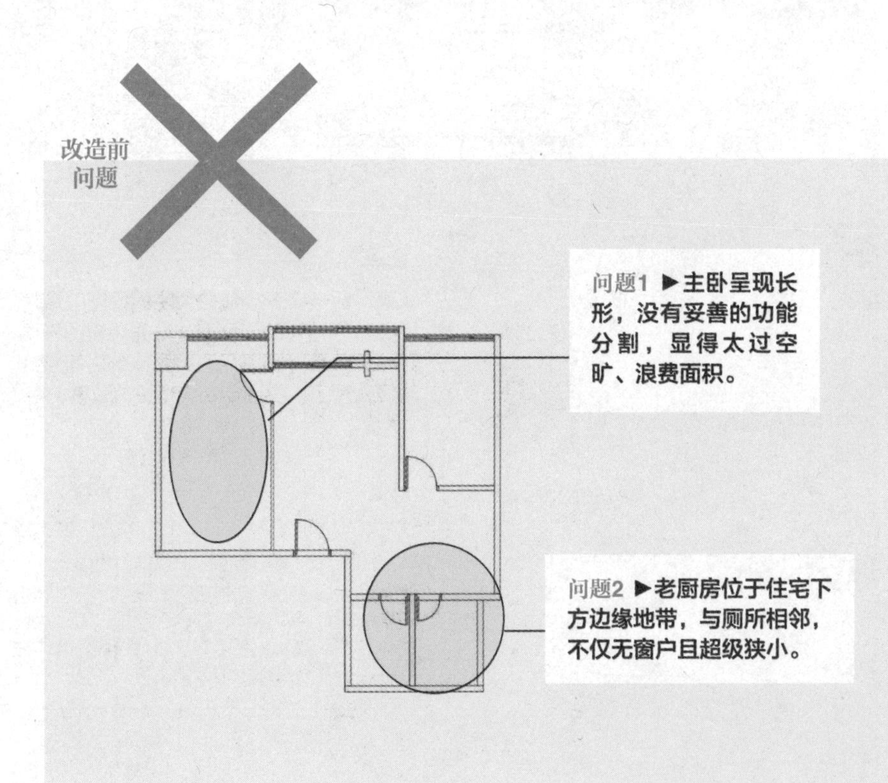

改造后
破解

破解1 ▶调整隔断比例、令主卧更加方正且方便使用
调整临窗区空间面积比例，主要令主卧横向扩增，更加方正好规划，同时移动儿童房与之相邻，让公私区域彻底分离。

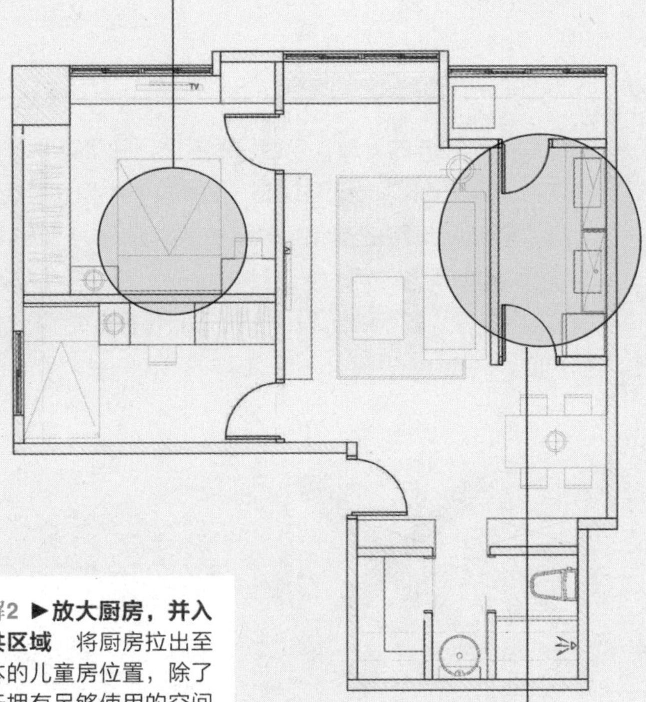

破解2 ▶放大厨房，并入公共区域 将厨房拉出至原本的儿童房位置，除了终于拥有足够使用的空间外，背靠客厅、紧邻餐厅的动线，呈现完美的住宅功能金三角。

公私区域分离，提升使用面积
主卧横向拉长1 m，与新移过来的儿童房齐平，组合出完整的私密睡寝区，而留下的餐厅、厨房、客厅区虽然空间稍微受到压缩，但由于各自相邻，也能释放出最佳动线与使用效率。

平面图破解 手法 3

□套房□挑高☑单层

破除隔断，优化曲折动线，生活更无碍

室内面积：**83 m²**
原始格局：**三室两厅** | 完成格局：**两室两厅**
居住成员：**3 人**

文／蔡竺玲　空间设计暨图片提供／亚维空间设计

这是一间10年的老屋，原始屋况不佳，除了有漏水和壁癌的恼人状况外，隔断安排不当再加上过于封闭，产生采光不足、动线曲折等问题，因此设计师决定拆除厨房和书房隔墙，书房改为餐厅，引光入内解决室内幽暗问题，同时公私区域被一分为二，有效简化曲折动线。全然开放的玄关、餐厅和厨房，无碍的设计使行走更顺畅，创造开阔的生活尺度。

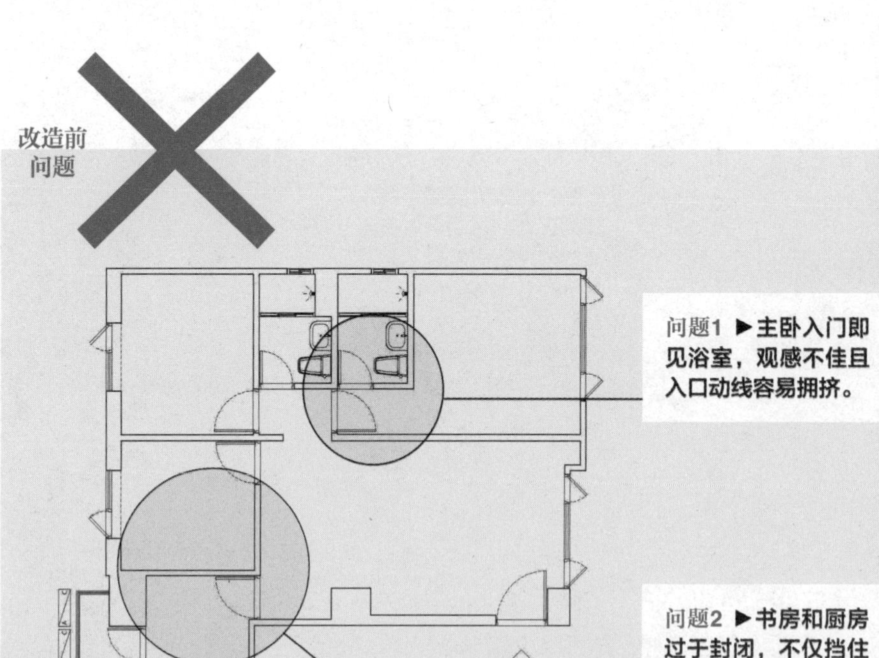

改造后
破解

破解1 ▶卫浴改成更衣室，入口转向缩短动线

在屋主的要求下，拆除主浴作为更衣室使用，挪移入口方向转向床铺，不仅有效避免主卧入口拥挤的问题，而且从起床到更衣，呈现出最顺畅的收拿动线。

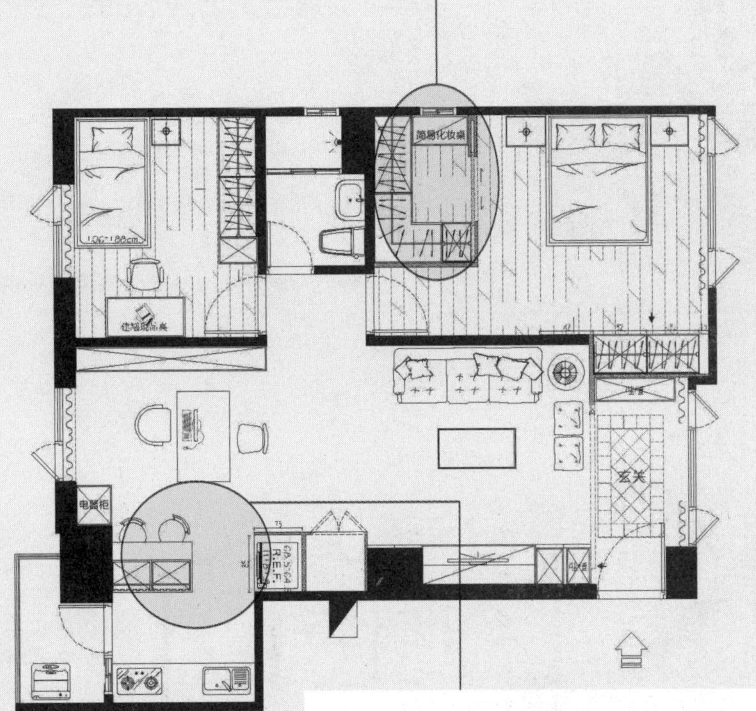

破解2 ▶拆一室，拓宽空间打破单一动线

打通书房和厨房，拓宽空间，厨房设置中岛靠墙而立，留出与客厅相邻的通道。动线因此从玄关、客厅、餐厅到厨房一路通畅无碍，优化动线路径，行走更为悠游自在。

动线 设计 关键点

柜体沿墙而立留出宽敞通道

将所有的收纳柜体、沙发沿墙设置，留出宽约1.2 m以上的主要通道，两人交错行走也不显狭窄。客厅和餐厅的桌子置中，形成可环绕四周的回字动线，在频繁来往的公共区域更方便行走。

实例解析

□套房□挑高☑单层

简化+环绕动线 采光、功能提升

一点轻工业再加一点软件，描绘夫妻两人的生活轮廓

室内面积：86 m^2
原始格局：三室两厅
规划后格局：两室两厅
居住成员：夫妻
使用建材：超耐磨木地板、铁件、植栽、强化玻璃、特殊水泥

文／余佩桦　空间设计暨图片提供／方构制作空间设计

改造前
问题

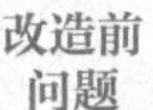

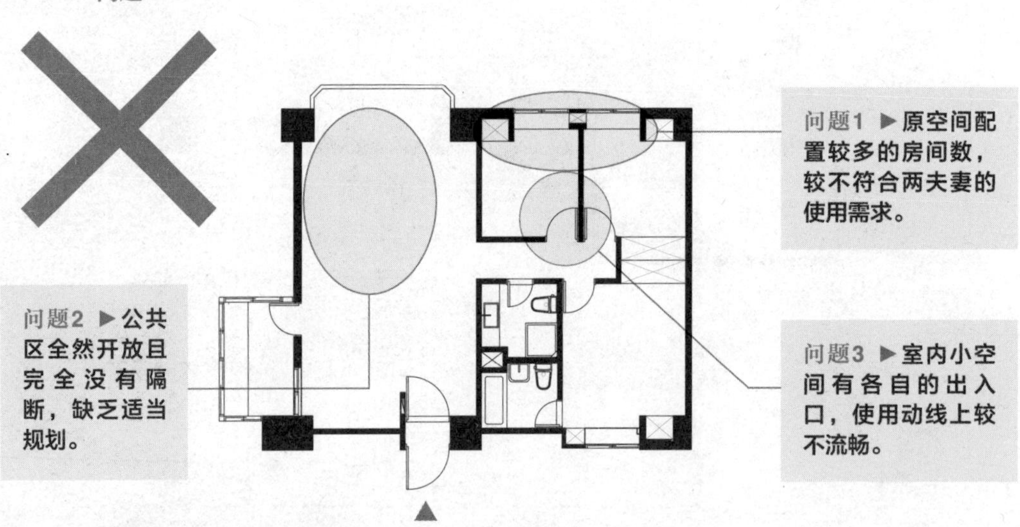

动线+家庭成员思考

整合空间与动线，夫妻两人生活更自在

室内86m^2的空间，目前仅夫妻两人共同使用，重整空间与动线，由于公私区域各自整合于不同水平面上，各空间的使用功能与动线均更为清晰、流畅，也符合两人贴切的需求。空间中也借助不做满电视墙与透明隔断墙作为隔断，既不破坏采光，使用功能也不再受影响。

改造后
破解

破解1 ▶缩减一室贴近使用者需求 重新思考室内房间数后，通过整合改为两室两厅，适合夫妻俩使用。

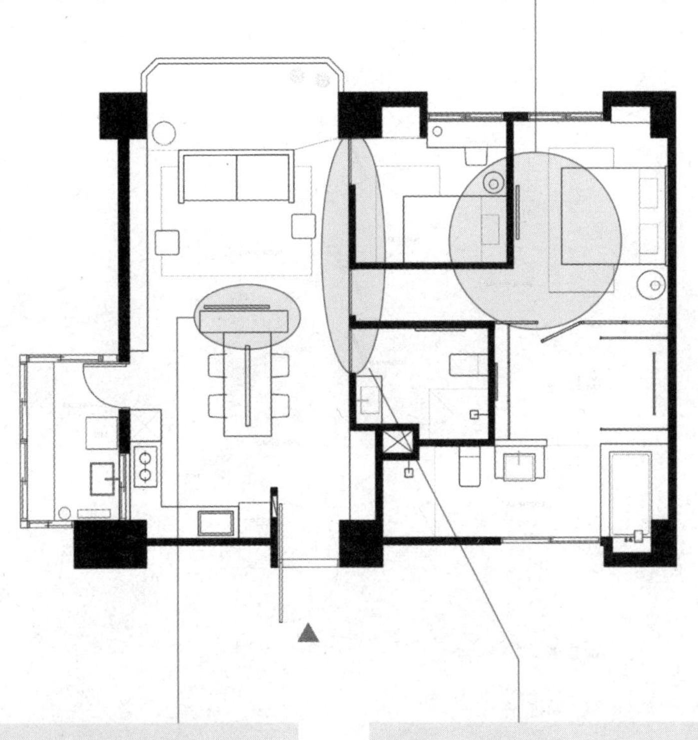

破解2 ▶电视墙创造环绕动线 公共区客厅、餐厅之间，砌了一道电视墙，形成的环绕动线，既不影响生活使用也显得更有规划。

破解3 ▶调整入口，动线变流畅 整合空间的同时也连带调整各空间的出入口，并配置于同一水平面上，动线变得更流畅。

改造关键点

1. 整合三室格局，其中两室成为一大主卧室，另一室则保留为客房，方便日后依需求做弹性使用。
2. 除了整合空间也调整了出入口，将空间水平线稍稍往前移，让门板与墙面对齐，动线流畅，格局也变得整齐。
3. 不做满的电视墙化身客厅、餐厅的界定因子，前后两侧功能不同，兼具电视墙与收纳柜的功能，提升了墙的附加价值。

这间房子原先就规划了较多的空间数，正因为一间间的房间，各自的出入口方向不一致，使得动线并不流畅。于是先选择整合空间数，改成一间大主卧和一间客房的形式，同时也将出入口做了调整，之后则是将原空间的水平线稍稍往前移，让出入口与墙对齐，存在于同一水平面上，公私区域划分得更为清晰。客餐区则加入一道电视墙，刚好有区分两空间的功能，其所创造出的环绕动线，也能让使用者自在地游走于室内。大主卧里，包含卧床区、更衣室、卫浴间，三者之间运用玻璃材质作为隔断墙，让这三个小环境更为通透、明亮。

▶空间整合于同一水平面上

空间出入口与墙对齐，使之存在于同一水平面上，公私区域划分得更为清晰。

客厅、餐厅两区，在经过适当的规划后运用隔断墙做界定因子，功能定义更加明确，动线也变得流畅起来。

好动线清单

□空间整合于同一水平面上，除清晰地区分公私区域外动线也变得更为流畅。

□格局与格局之间，舍弃实体隔墙的做法，让人、光线都能自由地在室内游走与流动。

□保留原有的大面积窗，纳光线、绿意入室，使空间更舒适、温馨。

空间中有不少相对较宽、较粗的横梁经过，在配置功能时都会尽量避开梁下，以减少压迫感。

整合后的大主卧还包含了更衣间，两者之间选择以玻璃结合铁件的隔断墙为主，带出空间立体感的同时也不破坏明亮度。

立面设计思考

思考1. 结合空间轴线使用动线
让空间动线更为流畅，除了从格局方向、整合手法进行思考外，也能从空间轴线切入，可以将空间属性切割得更为清晰，进而让动线更有秩序。

思考2. 隔墙不做满，创造环绕效果
区隔空间属性的隔断墙并非一定得做满，不做满的形式既能满足划分格局的功能，同时还能为空间创造出环绕的效果，游走间充满乐趣，还能从不同角度窥探室内表情。

有别于常见的柜体形式，本案以开放式收纳为主，使生活衣物与用品的摆放位置一目了然，使用起来也更为方便。

状况

07

▼

楼梯位置不对

平面图破解 手法 1

□套房☑挑高□单层

重叠设计，将楼梯量体消弭无形

室内面积：23 m²
原始格局：**夹层空屋** | 完成格局：**一室两厅、储藏室**
居住成员：1人

文／Fran Cheng 空间设计暨图片提供／慕泽设计

虽然挑高达4 m以上，足以规划夹层，但单向采光、空间又小的格局，导致连接夹层的楼梯位置与量体大小成为设计成败的关键。为此，设计师利用客厅电视墙的复合功能设计，在电视正上方配置楼梯，而下方则规划为收纳柜，让楼梯悬空，并且搭配客厅挑空区，避免夹层做满造成压迫感。

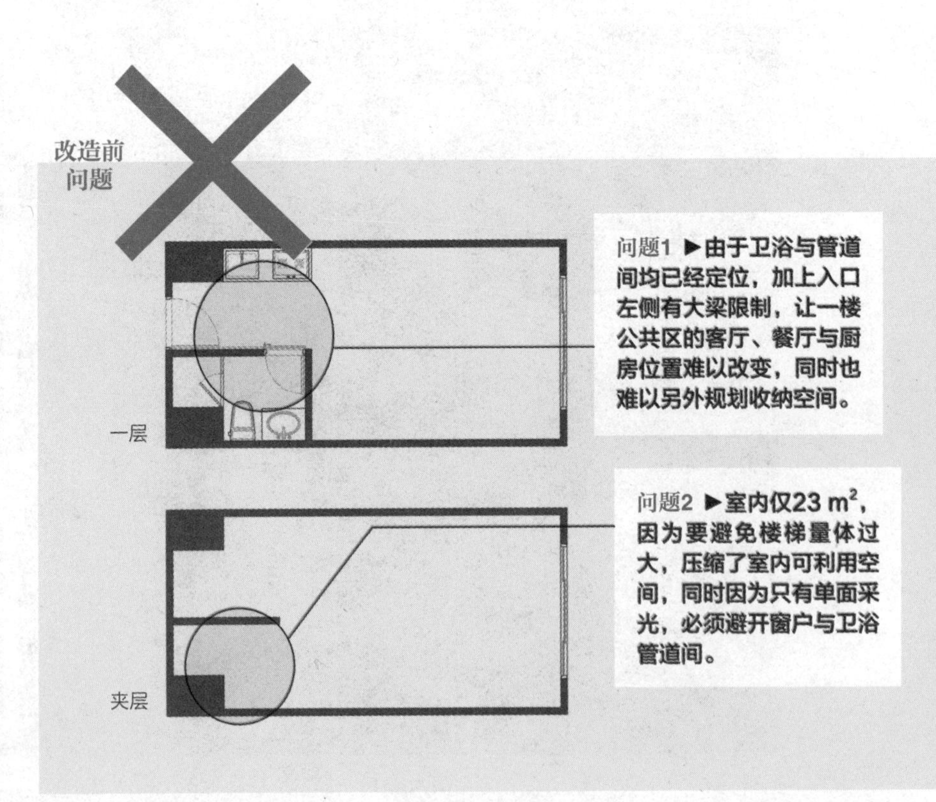

改造后破解

破解1 ▶镜面材质与旋转餐桌设计 延续并加长既有厨房格局，并加入可收式的旋转餐桌来满足餐厨空间的需求；门口柱体则在侧墙上铺贴镜面来形成视觉延伸感。

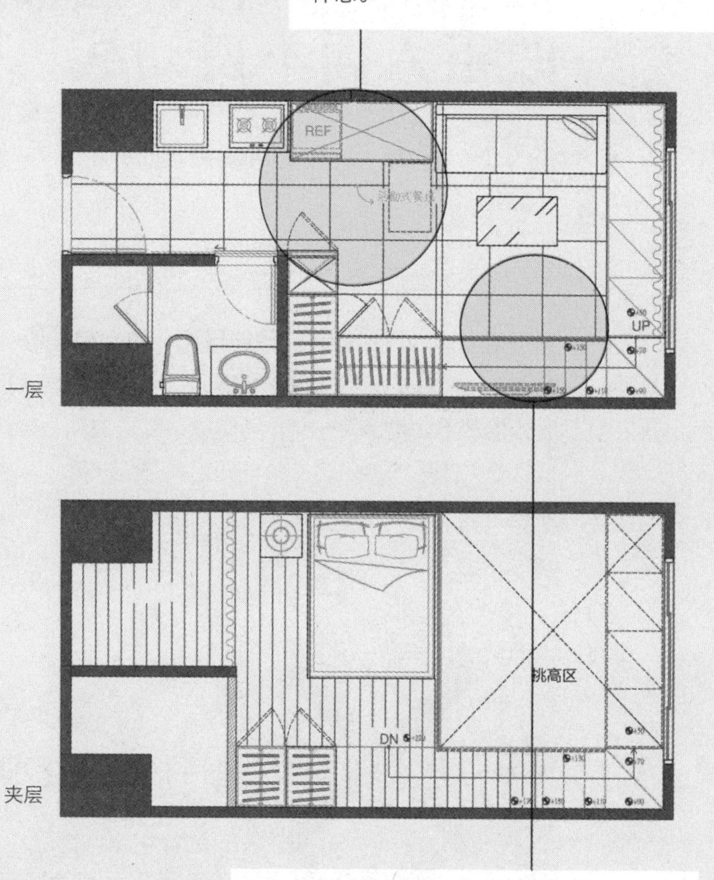

破解2 ▶一墙三用的复合电视墙 为精简空间，将客厅的电视墙上方配置夹层楼梯动线，而电视下方则有柜体增加收纳功能，同时因柜体与采光面的楼梯均采用悬空与轻量设计，让整体视觉更为轻盈而无局促感。

动线 设计关键点

薄板阶梯避免采光受阻

为了避免楼梯遮挡采光窗，靠窗面的梯阶采用龙骨梯做支撑，再搭配薄板木质阶面，完全不影响采光，而且设计师将窗边楼梯架高为榻矮柜，可增加收纳空间与休息平台。

平面图破解 手法 2

□套房☑挑高□单层

楼梯水平移位、楼板退缩，改善入门不良动线

室内面积：50 m^2
原始格局：一室一厅 | 完成格局：一室一厅
居住成员：2 人

文／蔡竺玲　空间设计暨图片提供／ KC design studio 均汉设计

原始格局规划不良，入门便能看见一道楼梯纵切，不仅造成玄关幽暗、遮蔽视线的后果，也使得通道变窄不易进出，形成壅塞入口。因此楼梯水平移位至另一侧，同时原有复层内缩，化解通道狭隘、楼板低矮给人的压迫感受，玄关随即变得开阔明亮。从玄关到客厅，从客厅到卧室，动线分段设置，行走更自由。

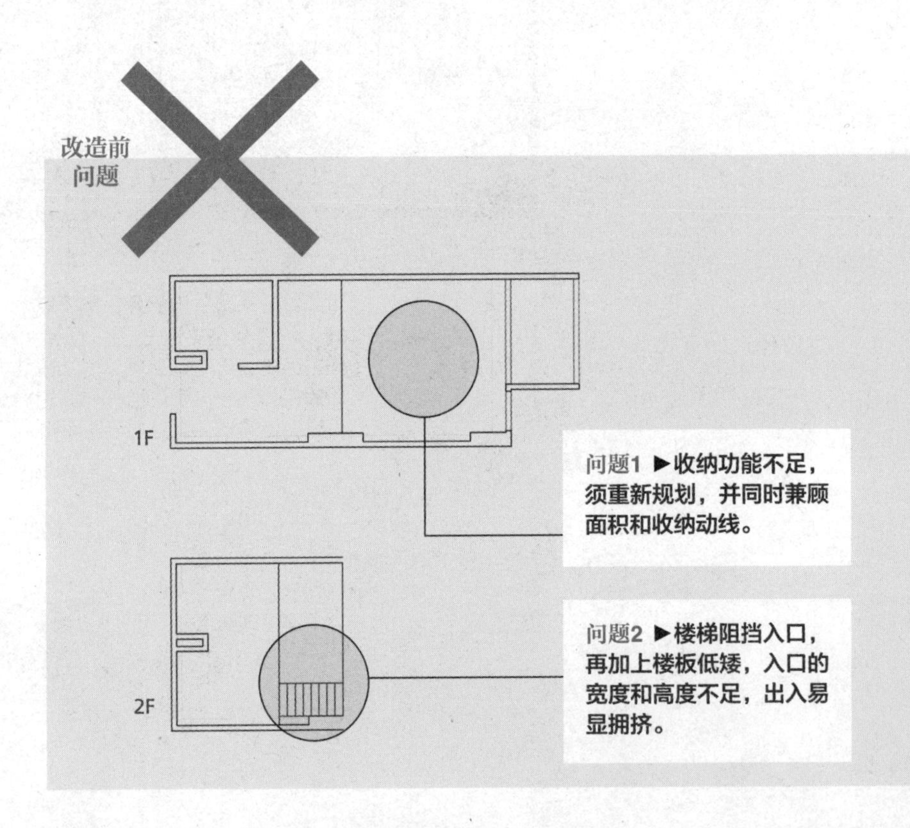

改造后
破解

破解1 ▶柜体设于同侧，缩减拿取路径 从玄关到客厅，墙面铺陈满满的及顶柜体，满足收纳需求，同设一侧的设计，也让拿取的动线更为简短，无须反复走动，使用更加顺手。

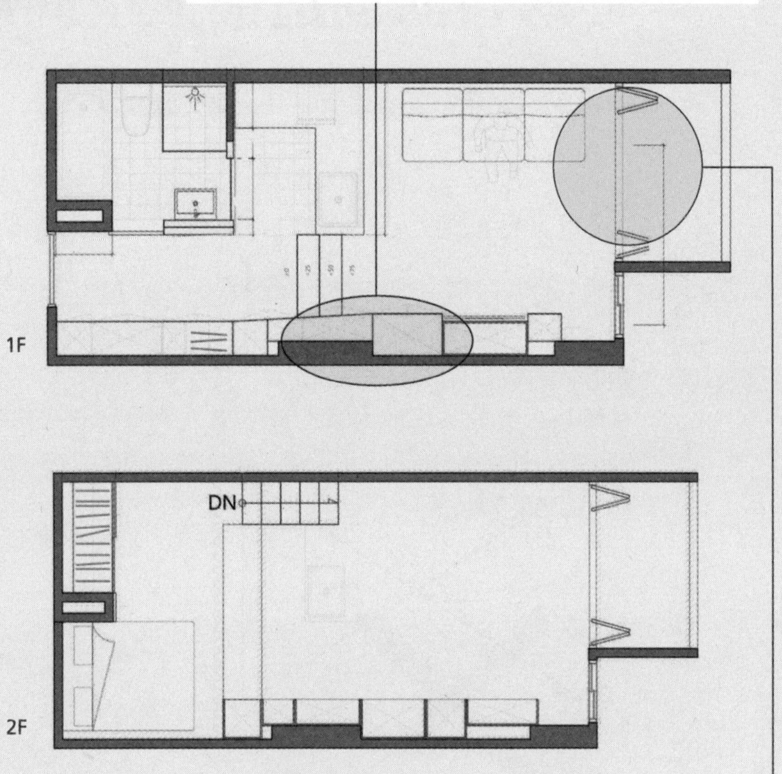

破解2 ▶挪移楼梯，扩大通道 将阻挡通道的楼梯移开，同时提升楼板高度并退缩少许，拉高玄关的高度和深度，入口便豁然开阔。

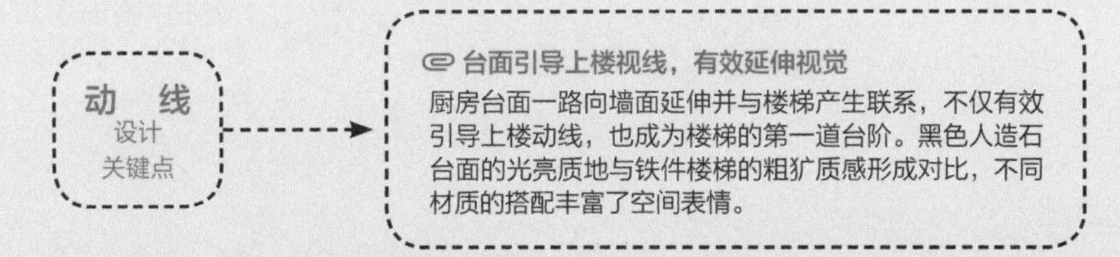

动线
设计
关键点

台面引导上楼视线，有效延伸视觉

厨房台面一路向墙面延伸并与楼梯产生联系，不仅有效引导上楼动线，也成为楼梯的第一道台阶。黑色人造石台面的光亮质地与铁件楼梯的粗犷质感形成对比，不同材质的搭配丰富了空间表情。

平面图破解 手法 3

□套房☑挑高□单层

楼梯靠墙不挡光，L形台面创造最大空间效果

室内面积：**40 m²**
原始格局：**一室两厅** | 完成格局：**两室一厅、书房、储藏室、吧台**
居住成员：**2人**

文／杨宜倩　空间设计暨图片提供／虫点子创意设计

挑高4.2 m的老屋，原始格局将楼梯设在中心位置，空间变得零碎难用。为获得最佳空间使用效果，设计师拆除原有夹层与楼梯，客厅窗前区域保持挑高，楼梯采用镂空设计并与电视墙结合；厨房与客厅之间增设L形台面，分别作为吧台与开放式书房；楼上主卧采用大面清玻璃隔断，让光线与视线上下流动，40 m²的面积竟包含了等同于三室两厅的生活功能。

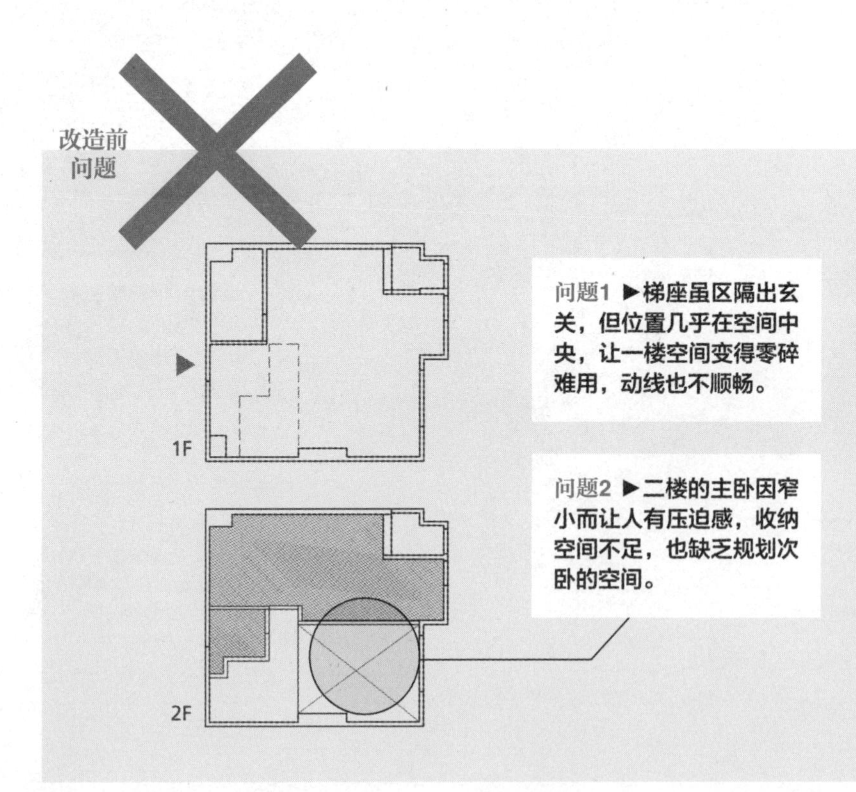

改造后
破解

破解1 ▶镂空式楼梯设计虚化量体感 楼梯移至电视后方成为主墙的一部分，选择铁件加实木踏阶的镂空设计让光线能从缝隙中穿透，令全室光亮通透，也让上下楼动线顺畅。

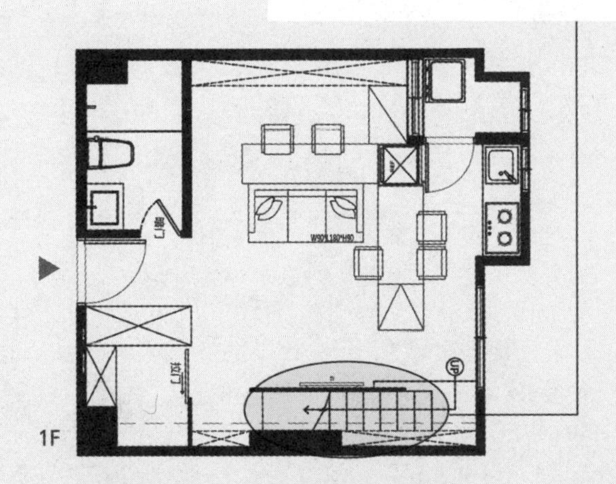

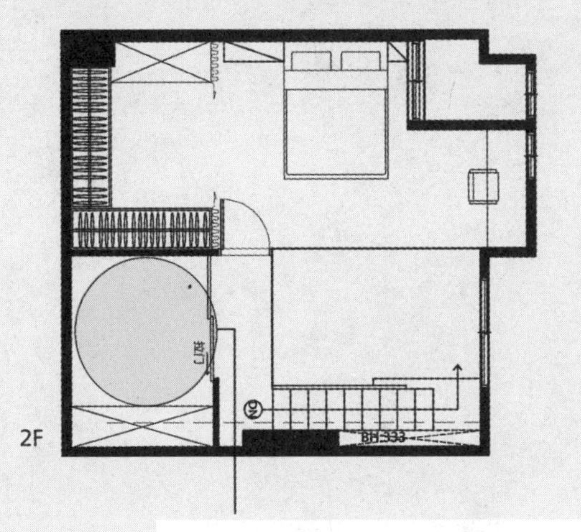

破解2 ▶楼梯靠边多出储藏室及次卧 将楼梯移开后，大门旁以柜体和拉门增设储藏室，并顺着新的楼梯动线规划楼上格局，储藏室上方规划次卧，平时打开拉门空间感更大。

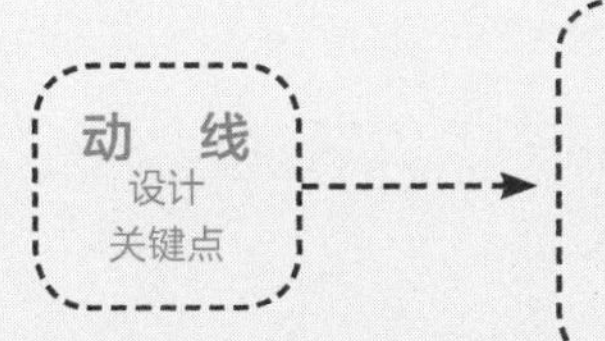

比例合宜木作家具化

要让小空间感觉宽敞、功能齐备、动线顺畅的秘诀之一就是合适的比例，最好能搭配量身定制的家具与收纳柜体，不仅可活用每一寸空间，对生活功能的分配也会更流畅。

第3章

采光

开放共享格局，小住宅好明亮

关于采光，设计师这样想

01 用透光材质解决无开窗问题

建筑是固定的，开窗位置有时总会不尽如人意，此时可通过开放式设计共享光源，或选择透光玻璃材质隔断，把光线从邻近功能区块“借”过来，解决无自然光产生的幽暗问题。

02 楼梯不要建构在采光面

楼梯动线应尽量避免配置在主要采光面，但若无法避免则建议采用透明或纤细而坚固的建材取代，如钢骨结构搭配玻璃阶板或薄片木阶板，以免难得的窗景或自然光受阻。另外，也可选择回旋梯来节省空间，同时避开遮挡采光窗的问题。

03 过度隔断易遮住采光

以往的空间设计多半以隔断需求为优先考量来发展设计，但近来设计师希望从想要的环境以及现场条件来设定隔断；其中对于小面积住宅为了争取更多的采光，常常会舍弃部分隔断墙，让光线无遮拦地进入室内，或改以建材变化设计来取代隔断，少了高墙让空间更显明亮宽敞。

04 窗边局部玻璃墙可保穿透感

采光是小住宅珍贵的舒压因子，但一般小空间先天的受光面积就较小，尤其是对于小于30 m²的住宅常常只有单面采光，在设计上必须特别保护光源面，安排隔断时应尽量避开窗户前，若隔断墙与窗户呈垂直状可考虑在窗边采用局部玻璃材质，让窗户可延续，不被切断。

05 采光分享的设计概念

有些房型的采光面只在私人区域，导致一进室内就觉得阴暗，这种情形对小住宅来说犹如雪上加霜。釜底抽薪的做法当然是将公、私人区域重新规划，若无法变更格局，则房间的采光可通过如玻璃材质的穿透特性，或者弹性开放的格局来分享采光。

06 间接光源提升室内光感

室内若难有自然采光，建议在室内增加间接光源的设计，借助柔和而不刺眼的光墙、装饰性的光窗，或者天花板的普照式光源来化解室内过于暗沉的问题，不仅可以柔化居家的空间氛围，对于放大空间也有正面的作用。

07 老公寓楼梯成立体采光重点

楼梯位于中段的小面积老公寓，下方是车库、上方为主要生活空间，虽然可使用面积受到压缩，但若将原本阴暗的楼梯间改用全穿透建材圈围，就可从楼梯引入下方的自然开窗天光或分享间接光，令采光从单面或双面开窗延伸为立体，使生活空间成多向度采光的明亮住宅。

08 用材质、颜色让光发挥最大效益

单面开窗的采光格外珍贵，除了利用格局规划善加保存延伸外，适当地运用色彩或材质搭配让入室光源发挥最大效果也是关键所在。例如大面积涂白色、黄色的浅色漆或是在开窗相邻、相对壁面贴上反射镜，甚至是淡色系的抛光石英砖，都能达到很好的扩散光线的效果。

09 大露台围篱圈出一方明亮自在

大露台、大开窗的设计，是小面积住宅不可多得的日光宅屋型，但如何同时保有采光与维护住户隐私就成为首要课题。若阳台的宽度足够，建议可以使用南方松或塑木等自然风耐候建材作为阳台围篱，不仅采光不受限，更能有效区隔左邻右舍的视野。

10 卫浴、更衣间用透光不透影材质

出于隐私考量，卫浴、更衣间是小住宅中无法采取开放式设计的场所，在无开窗的前提下，可运用透光不透影的墙面材质如玻璃砖、玻璃搭配雾面贴膜作为隔断，分享外侧光源，解决长时间密闭、阴暗的问题。

11 临窗架高地板是弹性的采光方法

临窗处通常是住宅采光最佳的“黄金地带”，除了将客厅、餐厅等重要功能空间规划于此外，也可把地坪架高，划出一方能够自由使用的空间，搭配活动玻璃拉门，令这里平时开放、全室共享天光，全家人可以随意坐卧阅读休息，当有客人来时加上卷帘就是现成的客房，既能达到采光效果又能提升使用效率。

12 在条件许可内加大开窗面积

在面积小、挑高不足、狭长阴暗等众多不利因素的影响下，会导致视觉受限，产生压迫感，因此窗的大小显得格外重要。在合理范围内建议可放大窗户面积，甚至从平面开窗延伸到边墙变成L形，扩大自然光源，更能引景入室，达到放大空间之效。

状况 08

单面采光，空气不流通

平面图破解 手法 1

□套房□挑高☑单层

通透玻璃取代实体墙面，点亮居家氛围

室内面积：63 m²
原始格局：三室两厅 | 完成格局：两室一厅
居住成员：一家三口

文／陈佳歆 空间设计暨图片提供／诺禾设计

这间屋龄15年的老公寓最大的问题是侧边开窗太小，使得后段区域采光严重不足，整体空间因此显得昏暗没有朝气。为了解决屋内采光问题，设计师重整隔断，规划成两室一厅的开阔格局，公共区域以开放式厨房共享阳台日光，位于廊道左侧的两间卧室则采用透明玻璃拉门作为隔断，让廊道区段也能拥有采光，玻璃穿透的特质也使视觉减少压迫感，使原先阴暗的卫浴与厨房因为自然光的纳入而明亮起来。

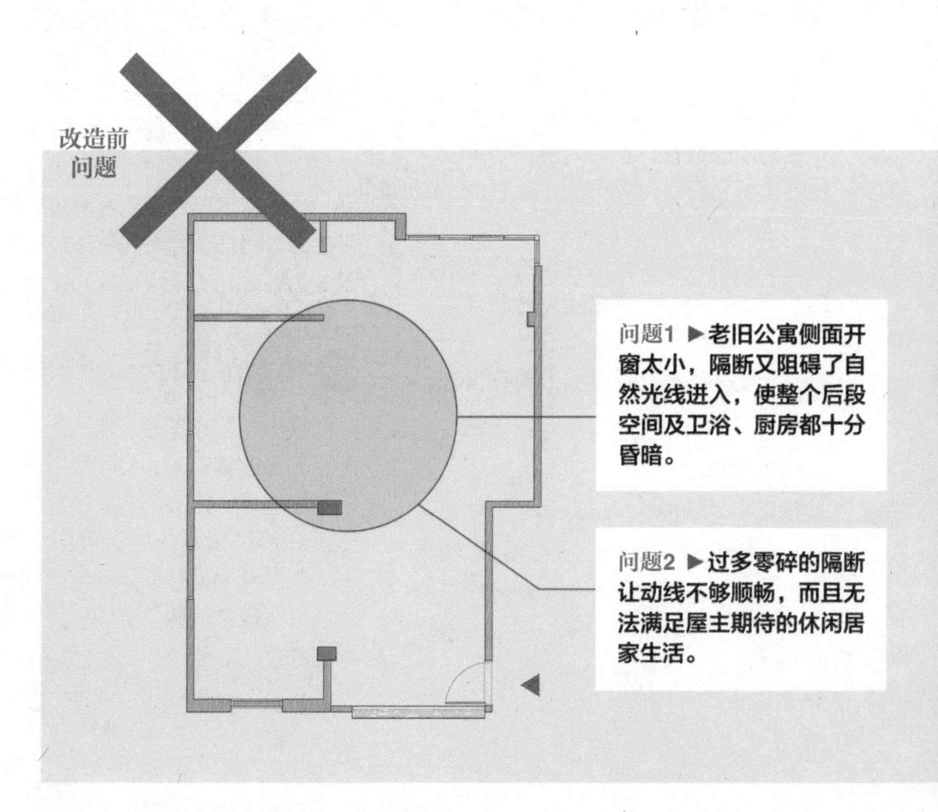

改造后
破解

破解1 ▶玻璃隔断取代实墙隔断提升采光幅度
在旧公寓开窗太小的限制下，大胆地采用全透明玻璃作为卧室隔断，让侧边光源能经由卧室透入廊道，这样也弥补了卫浴光线不足的问题，大幅提升空间整体的明亮感。

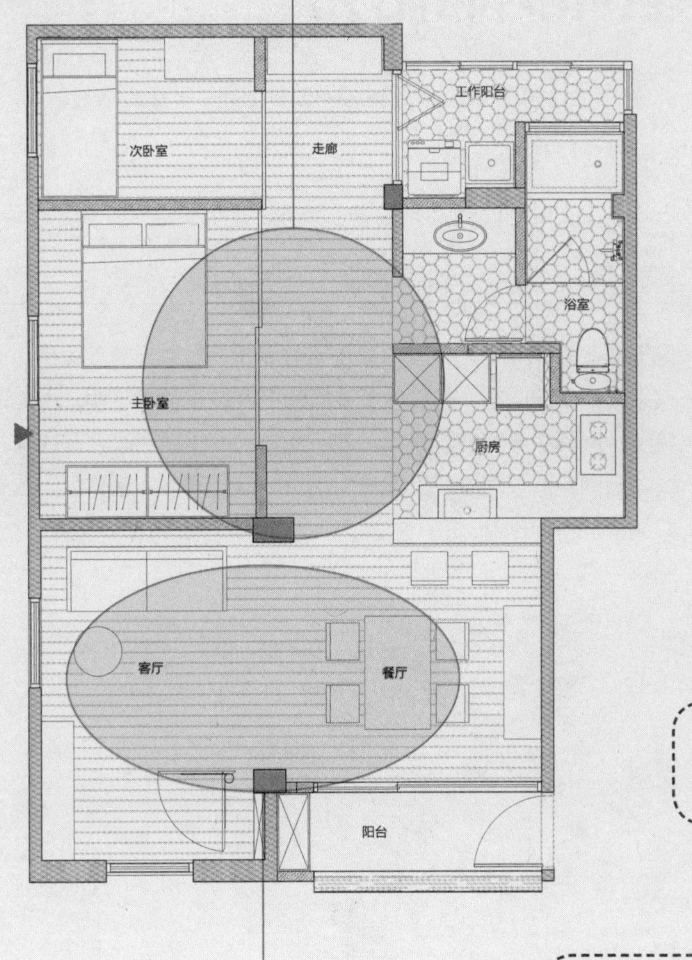

采光
设计
关键点

破解2 ▶开放公共空间，方便休闲生活
空间重整为两室一厅的开阔格局，挪出位置规划开放式厨房，不但满足屋主爱下厨的需求，也创造出居家的休闲感，同时加宽通道给孩子更多自由奔跑的空间。

玻璃隔断加布幔兼顾采光及隐私
三段式的玻璃拉门除了将光线从卧室引入之外，也减少了空间与空间的界线，形成一个完全开放的生活空间，同时为了顾及居住隐私，在拉门内侧增设布幔，可根据使用需求进行调整。

平面图破解 手法 2

□套房□挑高☑单层

开放格局结合玻璃拉门，老屋洒满阳光

室内面积：93 m²
原始格局：三室两厅 | 完成格局：两室一厅、弹性书房、更衣室、储藏室
居住成员：夫妻 +1 个小孩

文／刘继珩　空间设计暨图片提供／虫点子创意设计

位于板桥的30年老屋，屋内都是实墙隔断，导致光线被遮挡，造成全室采光不佳的问题，尤其房子中间的区域更是昏暗不明，因此设计师决定打掉其中一室的隔断墙，并将原本的密闭厨房改为开放式，让光线能直接穿透整间屋子，同时利用拉门取代墙体，保有区隔效果的同时又使空间更开阔。

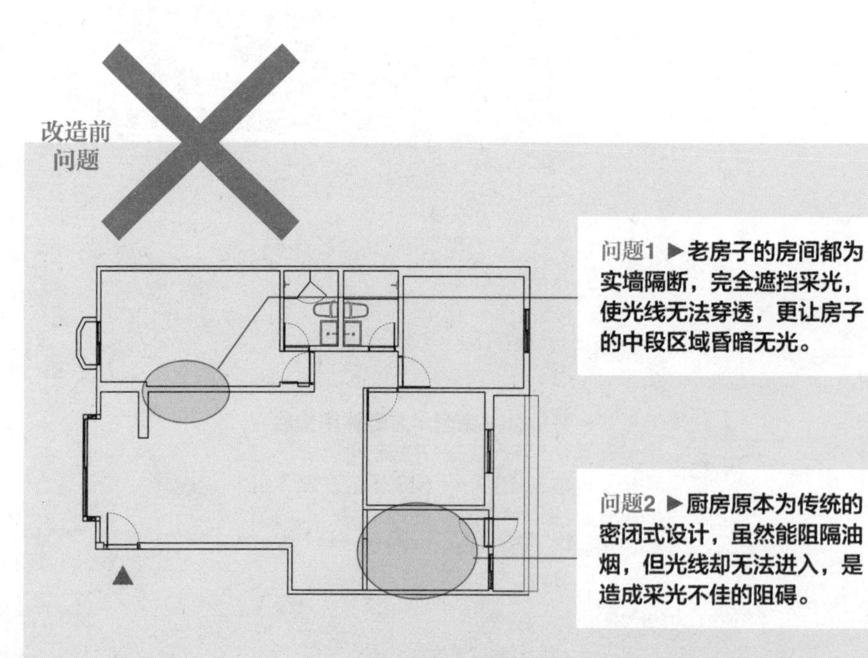

改造后 破解

破解1 ▶玻璃拉门界定空间、引入光线 设计师将房间原本的实墙打掉，改以玻璃拉门取代，一来可引入采光，二来需要时拉上拉门也可当作隔断使用，让空间运用更多元。

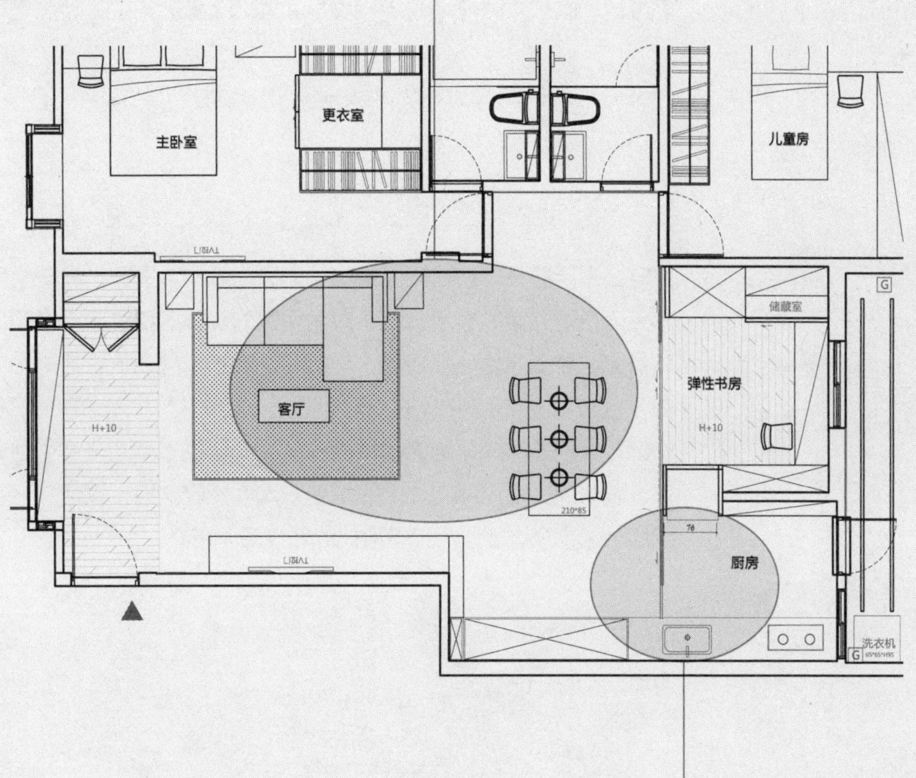

破解2 ▶开放式厨房换门无惧油烟 挡住采光的密闭厨房重新规划为开放式，并与旁边房间共用拉门，当要下厨时，只要拉上拉门，一样能阻止油烟外散。

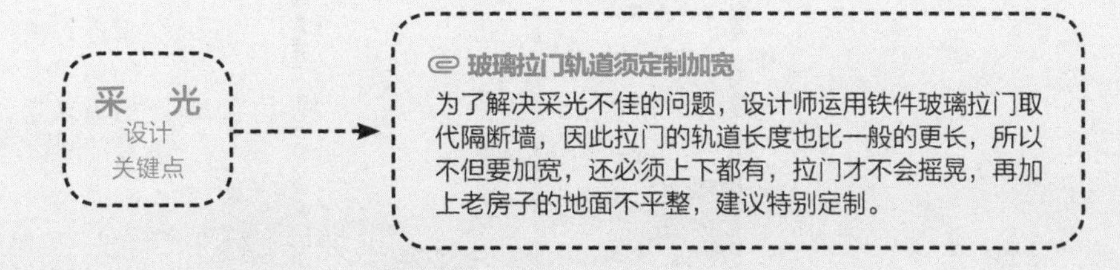

采光 设计关键点

玻璃拉门轨道须定制加宽

为了解决采光不佳的问题，设计师运用铁件玻璃拉门取代隔断墙，因此拉门的轨道长度也比一般的更长，所以不但要加宽，还必须上下都有，拉门才不会摇晃，再加上老房子的地面不平整，建议特别定制。

平面图破解 手法 3

□套房□挑高☑单层

双线导光，照亮幽暗厅区角落

室内面积：48 m²
原始格局：**两室一厅** | 完成格局：**两室一厅、多功能房**
居住成员：1 人

文／黄婉贞 空间设计暨图片提供／隐巷设计

住宅分为两区，一边是双面开窗、通风良好的大主卧，另一个角落则是完全无对外窗的客厅，位于对角两端的功能区块在同一空间形成强烈对比。加上原始住宅封闭、功能不足的格局规划，住宅内各个空间仿佛各自独立、互不相干。设计师第一步先打开阻挡阳台光源的客房区，一扫公共厅区幽暗、憋闷的气息，让住宅多了一个可用餐、工作、娱乐的弹性空间，加上靠墙处的大容量收纳柜，以及邻近客厅与厨房功能，令这里成为无可取代的住宅活动重心。

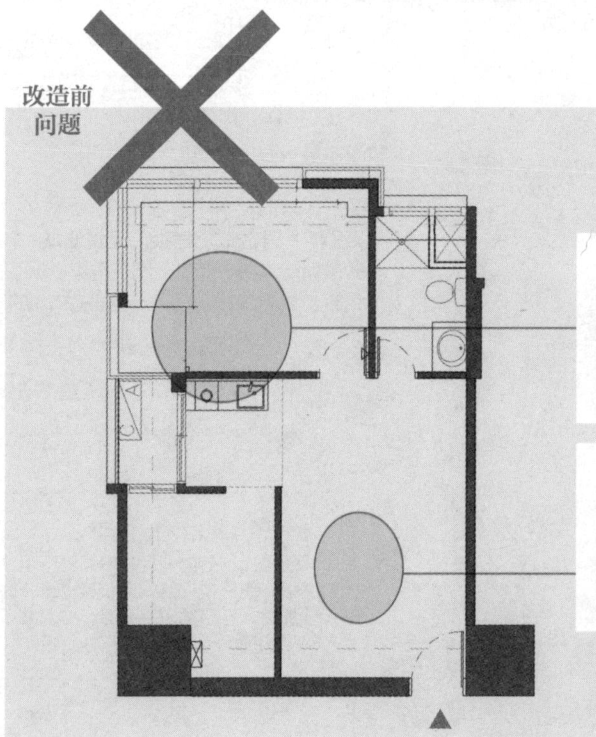

改造后
破解

破解1 ▶打破硬体阻隔，让天光直达住宅阴暗角落 卫浴选用透光不透明的长虹玻璃门板，加上拆除与客厅相邻的次卧实墙，自然光终于得以照亮至住宅最深处，借助来自两面的自然光源，彻底解决了客厅幽暗与通风不良的问题。

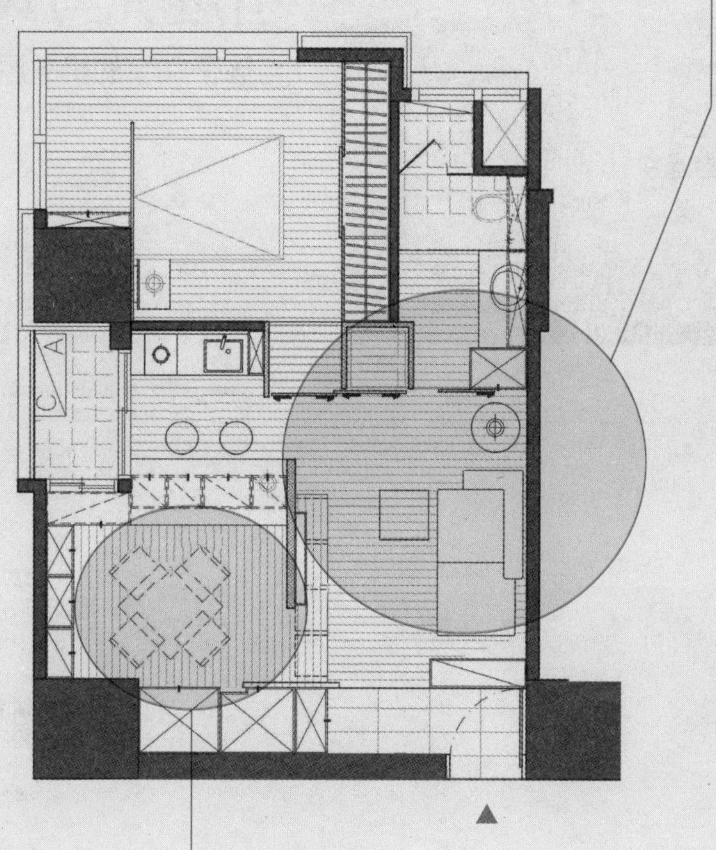

破解2 ▶超高效能的复合式厅区 打破实墙的多功能区具备工作书房、娱乐室、客房甚至餐厅等复合功能，搭配一侧的客厅与厨房，除了睡觉、洗澡以外其他活动都能在这里进行。

采 光
设计
关键点

雾面玻璃门板，引光保隐私

既然客厅没有对外窗又不想完全依靠室内灯光，借光入室就成了规划上最重要的一环。有开窗又与客厅相邻的卫浴空间就成了重要媒介，前提还得解决隐私问题，最后选用只透光的雾面长虹玻璃门板，果然达到了极佳的引光效果。

实例解析 1

□套房□挑高☑单层

弹性隔断，引进光与风

与孩子共享的机关屋

室内面积：53 m²
原始格局：5.2 m 夹层屋
规划后格局：一室一厅 + 玄关、厨房、衣帽间、卫浴间
居住成员：夫妻 +2 个小孩
使用建材：KD 手刮木地板、特殊薄石材、大理石、黑镜、灰色玻璃、木皮、ICI 乳胶漆

文／刘芳婷　空间设计暨图片提供／怀特室内设计

改造前问题

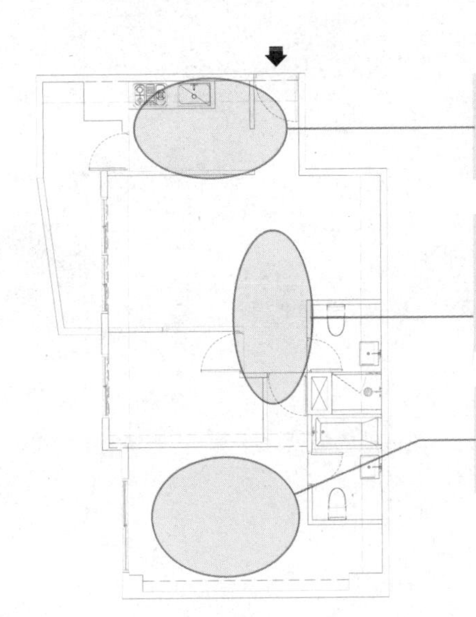

问题1 ▶厨房封闭的隔断墙，遮蔽了采光。

问题2 ▶去往房间的通道过长，制式隔断让长廊昏暗无光。

问题3 ▶主卧、客房皆单面采光，空气不流通。

采光+生活动线思考

穿透性隔断，放大空间，引进光线

只有单侧采光的新屋，为让光线延伸至另一侧，于是将厨房封闭的隔断拆除，改以不及顶且具穿透感的电视墙区隔；拆除客厅与客房隔断墙靠窗的一部分，形成环状动线，让光线延引入室；书房、客房的传统隔断，也以可移动的柜体取代，当柜体移至房内，即形成开放空间，为廊道引光。

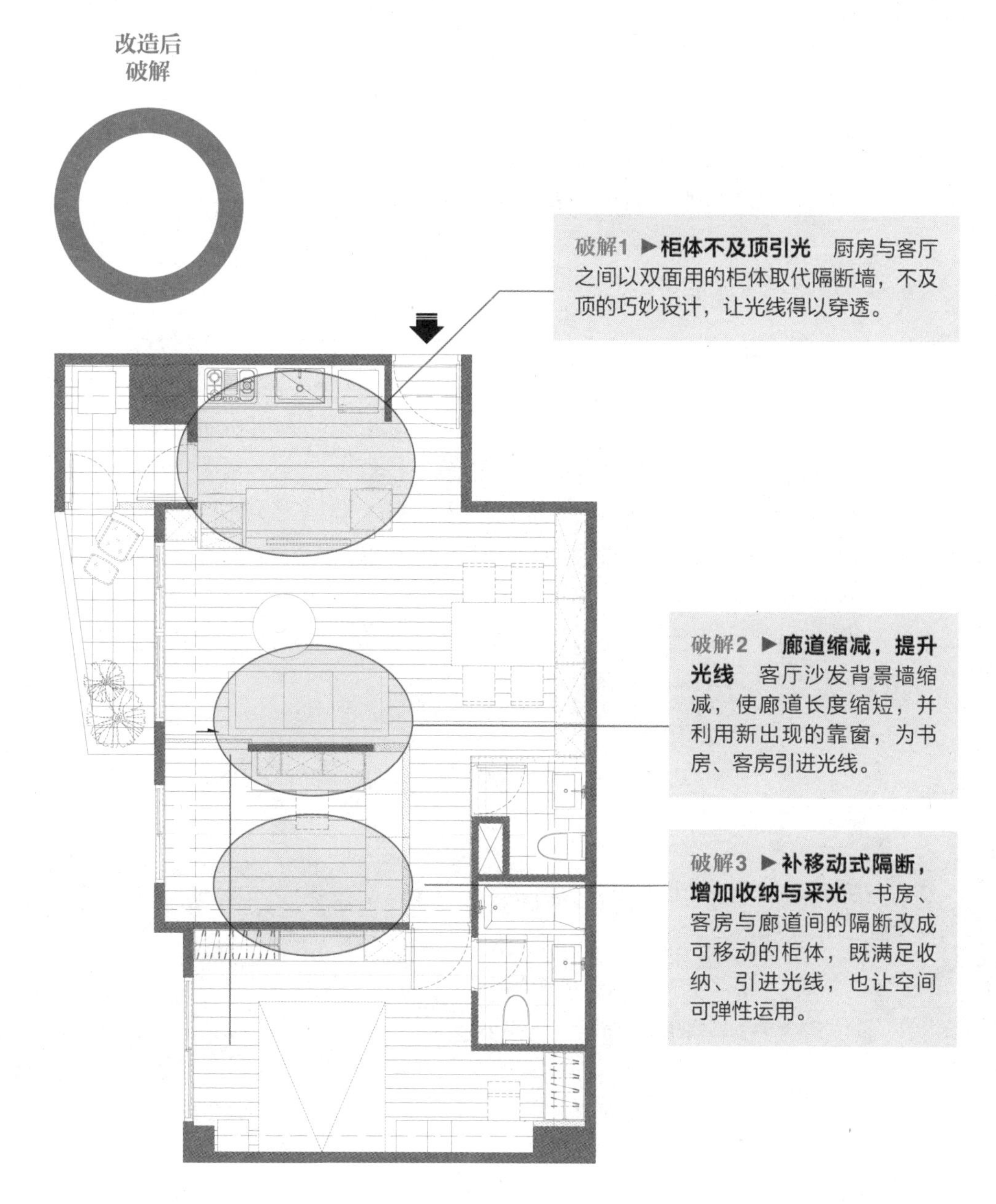

改造关键点

1. 拆除厨房隔断，利用不及顶且局部穿透的电视墙取代，既可界定客厅与厨房，同时也引进充足的光线。
2. 拆除客厅电视墙的两侧局部，创造出环状动线，并将单侧的光线引进书房、客房中。
3. 拆除书房、客房与廊道隔断墙，用可移动的柜体取代隔断墙，缩短廊道长度，也使空间利用更灵活。当柜体挪至房内，即形成开放空间，即使改变柜体配置方式，始终保留一扇窗，借此引进光线。

好采光清单

□拆除厨房隔断，穿透的双面柜引进采光、利于通风。

□打开客厅临窗区开口，将光线引进屋。

□缩减廊道长度，以弹性隔断引光入室。

在工作区附近购置新房，屋主夫妻期望与两个孩子在此共享天伦。只有单侧采光的房子，通风不良。在格局尽量不变动的原则下，设计师巧妙调整隔断，以不及顶的双面柜区隔客厅、厨房，并量身定制可移动的隔断柜，创造妙趣横生的生活空间。刻意缩短的沙发背景墙，与移动式柜体相结合，形成环状动线，当柜体移进房内，即可与客厅、餐厅串联，形成开放的公共区，同时将光线引进缺乏采光的一侧。

客厅、餐厅采用开放式设计，大面开窗，让单侧采光可以毫无阻碍地进入室内，使得缺乏对外窗的一面也能拥有充足的光线。

▶大面开窗结合开放格局

▶拆除制式隔断墙，为廊道引光

拆除客房与走廊之间的传统隔断墙，改以移动柜取代，当柜体移至室内，即可与客厅、餐厅串联，同时为阴暗的廊道引进光线。

▶为移动柜留一扇窗

客厅与厨房之间的制式隔断墙，改以不及顶的双面柜区隔，穿透的设计，让室内保持良好的采光与通风。

▶穿透的双面柜，改善采光、通风

量身定制的移动式柜体移动至室内时，可根据不同使用需求调整配置，变身为休憩区或卧榻，巧妙保留一扇窗，借此保有良好采光。

立面设计思考

思考 1. 刻意留白的隔断设计

客厅、厨房之间兼具电视柜以及餐柜功能的隔断柜，刻意不做到顶，保留上方开口，运用穿透性设计，引进光与风。

思考 2. 收纳、界定、引光的隔断柜

可移动的隔断柜，放置于不同位置时，必须与实用生活功能相吻合，既可当隔断，也兼具收纳功能，同时巧妙保留一扇开窗，借此引光。

实例解析 2

☐套房☐挑高☑单层

餐厨区大挪移，让使用频率与亮度成正比

夫妻+ 1子的十多年老宅翻新，让家跟随成员增长而改变

室内面积：73 m²
原始格局：**两室一厅**
规划后格局：**两室两厅、钢琴区、一卫浴+半厕、大阳台**
居住成员：**夫妻+1子**
使用建材：**盘多磨地板、日式仿清水模漆、云顶石、薄石板材、铁件、灰色玻璃璃、塑木仿柚木**

文／黄婉贞　空间设计暨图片提供／禾郅室内设计

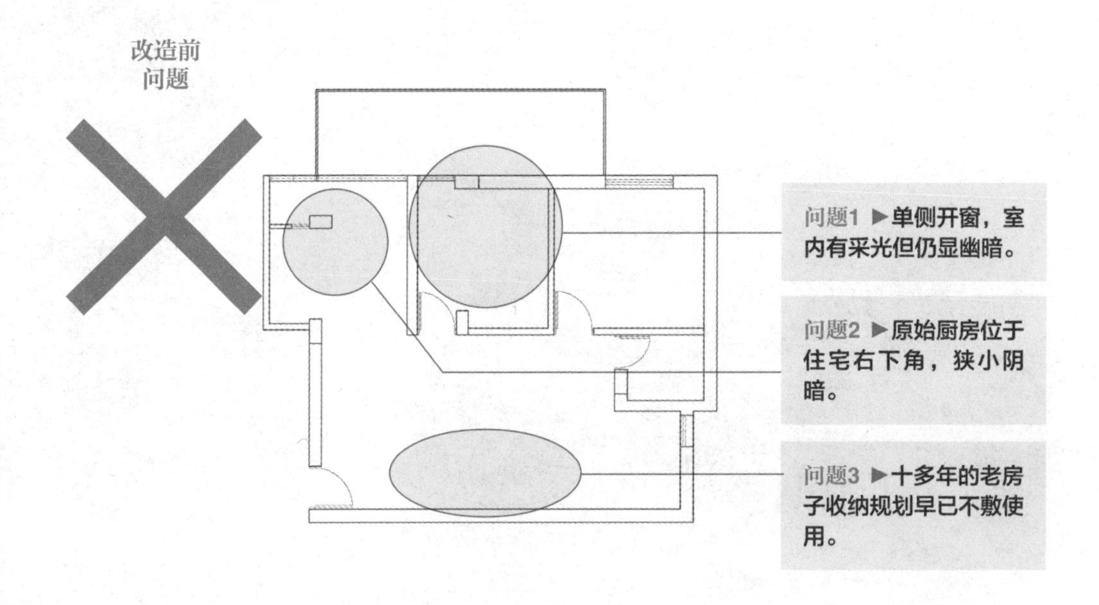

采光+生活动线思考

使用频率越高越该享受临窗精华区

十多年的时光让小夫妻迈向中年，当年的活泼小儿现在也长大成人了，自然对于住宅的需求与渴望也早已不同。有别于房间越多越好的年代，现在则崇尚使用频率越高空间比例越大、越接近开窗区，因此阴暗的餐厨区、狭小的卫浴都是亟须更改的区域，再借助收纳柜体的合理规划融入格局当中，整合出最合乎目前成员需求的完美住宅格局。

改造后
破解

破解1 ▶**开窗置中，汲取自然采光** 将各房间开窗位置尽量置中，达到最佳的自然采光效果。

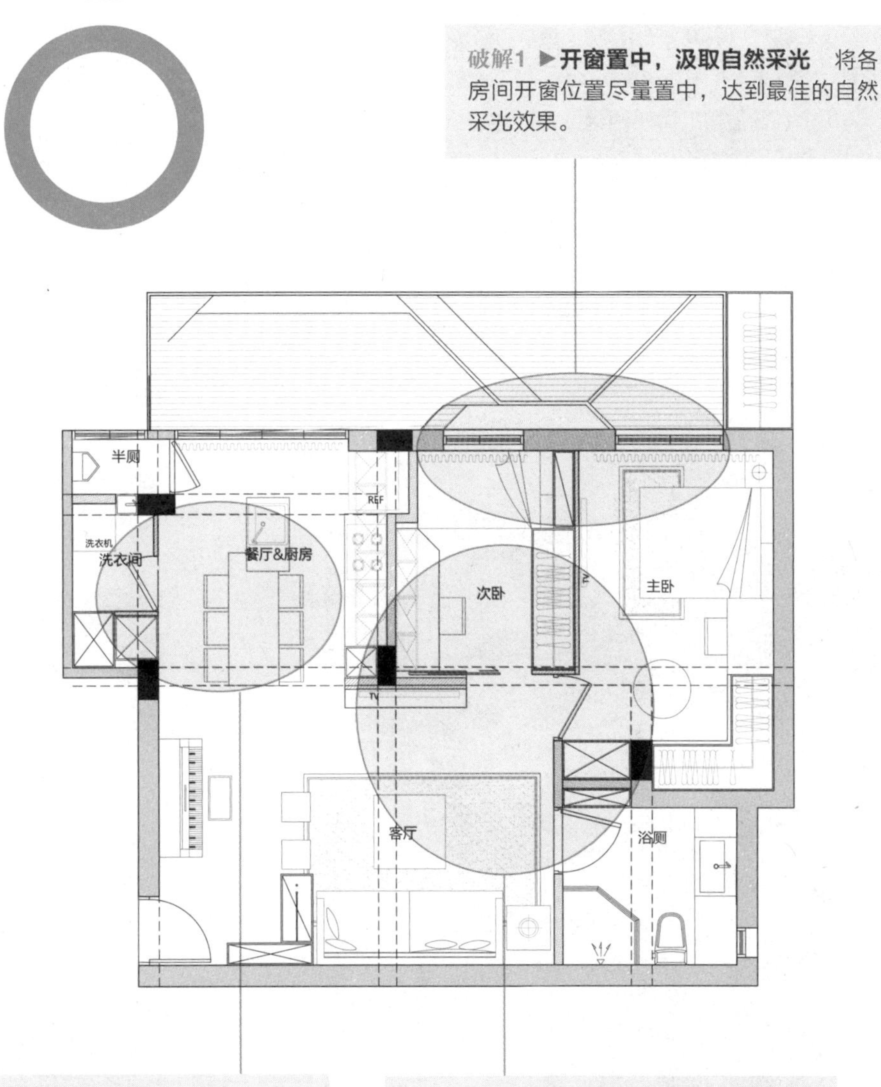

破解2 ▶**餐厨合并更宽敞** 把厨房与餐厅合并后，移至住宅左上角，扩大使用面积。

破解3 ▶**分区规划收纳更好用** 将柜体融入每个房间、餐厨、玄关处、洗衣间，力求杂物各归各位。

改造关键点

1.依照屋主一家人的使用频率重新调整格局，分配比例。
2.通过延伸开窗位置与使用透光建材，让室内厅区也能享受自然光源。
3.收纳柜体打散至每个功能区块，同时与隔断墙结合，释放出方正而充裕的使用空间。

好采光清单

□厨房与餐厅合并移至住宅左上角，同时微调隔断墙、放大比例，令最重要的住宅功能区域更明亮、舒适。

□将每个邻窗位置的窗户调至最合适的位置，不再发生明明开着窗却仍旧阴暗的状况。

▶餐厨区改至临窗处

使用频繁很高的餐厨区，从住宅阴暗的右下角挪移至左上角大开窗的黄金地带，成为一家人驻足停留的舒适功能区域。

▶落地大窗将光引入客厅

虽然餐厨区与客厅呈现转折L形，但借助左侧的大片落地窗与从男孩房灰色玻璃璃门板透出的光线，位于最内侧的客厅仍能享受明亮的天光。

十多年的老屋经过时代的变迁，居住成员的需求也随之改变，无论是风格、收纳与功能早已不敷使用。首先把使用频率较高却窝在阴暗角落的餐厨区移动到左上角的临窗处，同时联动式地调整两个房间的大小比例，增加柜体收纳等细节，以及微调开窗位置与大小。其中空间以餐厨区最大，主卧次之，男孩房最小，力求面积与使用频率达到最佳平衡，当然厅区采光也因此受益，大开窗透光入室显得格外明亮。而原本与主卧相邻的小卫浴则纳入主卧成为附属更衣间，卫浴则移至右下角，放大空间的同时重新规划出舒适的盥洗空间。

卫浴从原本无对外窗的阴暗位置下移，扩增近乎两倍大的卫浴盥洗空间，更附有对外窗设计，令盥洗不再来去匆匆，而是增添了轻松享受的生活体验。

倒L形清水模造型电视墙横跨厅区，延伸两个向度，达到遮梁的效果。地板采用无接缝的盘多磨延伸视觉，成为空间最称职的背景。

玄关采用简洁的黑、白、灰作基本色调，利用柜体、不落地灰色玻璃璃与线条铁件，满足收纳需求之余，更营造出活泼、轻盈的第一印象。

立面设计思考

思考 1. 大量使用自然粗犷石材，营造独有的悠闲意象

运用德国薄石板材从入口琴区延伸到窗边，搭配客厅的仿清水模涂料与云顶石餐桌，营造粗犷、自然的悠闲意象，呼应户外大阳台的轻松写意。

思考 2. 设计感十足的简洁玄关传达出清新迎宾语汇

玄关选用清透低调的不落地灰色玻璃璃搭配线条简洁的黑色铁件，勾勒出穿透感十足的轻盈玄关隔屏，搭配黑、白转折鞋柜，传达出轻松的迎宾语汇。

主卧的左侧隔断稍微右移缩小，但却圈入下方原始卫浴空间，改为 L 形的收纳更衣间，令收纳功能更加完整。

实例解析 3

□套房□挑高☑单层

依山傍海，美景导入小住宅

不甘平凡，打造有如在甲板上生活的悠闲居家

室内面积：73 m²
原始格局：一室一厅一卫一阳台
规划后格局：一室一厅一卫一阳台
居住成员：2 人
使用建材：水泥、卵石、玻璃

文／张景威　空间设计暨图片提供／璧川设计事务所

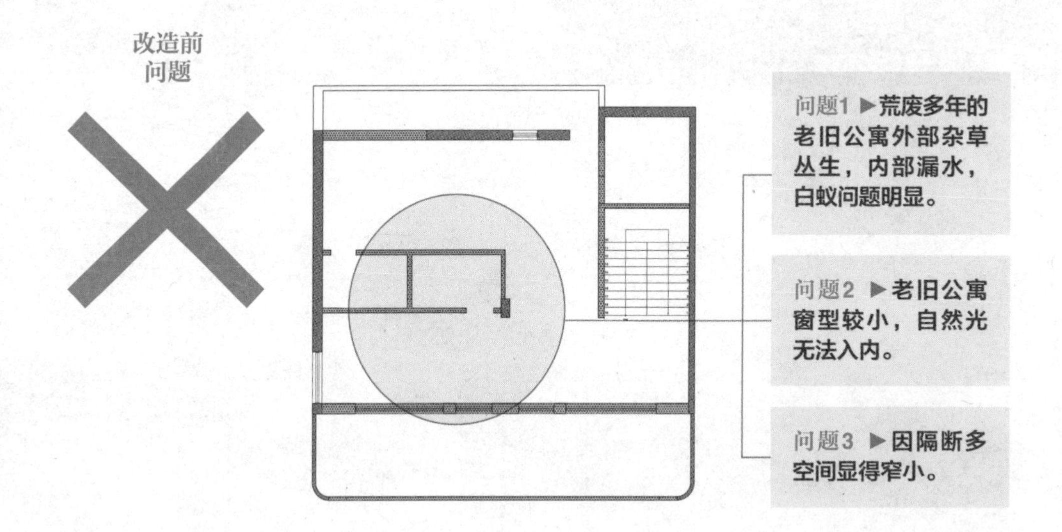

采光+生活动线思考

去除隔断，享受山海入景的悠闲郊区生活

原本已经荒废40年的老公寓杂草横生，被希望于郊区悠闲生活的小夫妻买下后获得重生，设计师从环境开始思考，去除室内隔断，引入周遭山海景，仅73 m²却像拥有前后院，赋予老旧公寓新生命。

改造后
破解

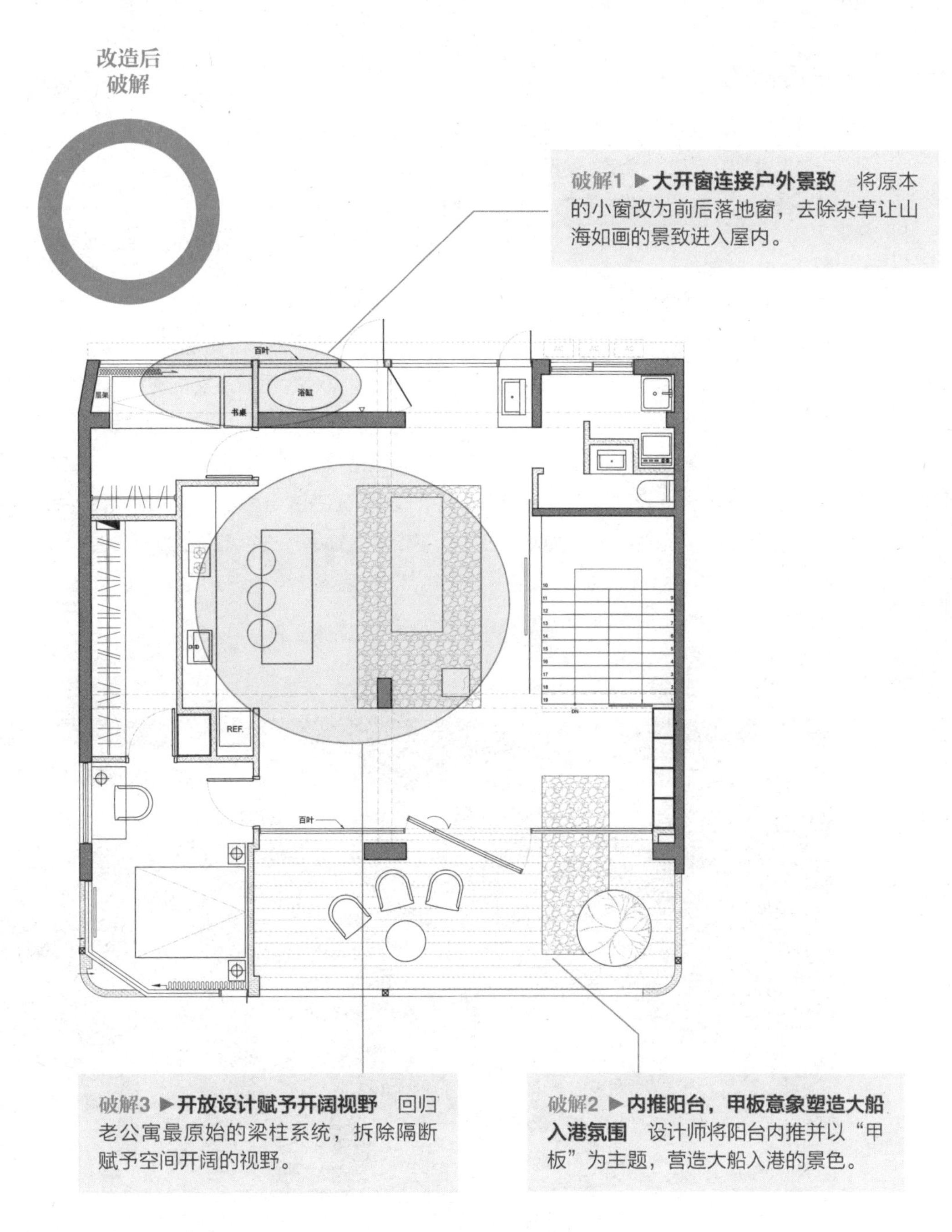

破解1 ▶**大开窗连接户外景致** 将原本的小窗改为前后落地窗，去除杂草让山海如画的景致进入屋内。

破解3 ▶**开放设计赋予开阔视野** 回归老公寓最原始的梁柱系统，拆除隔断赋予空间开阔的视野。

破解2 ▶**内推阳台，甲板意象塑造大船入港氛围** 设计师将阳台内推并以“甲板”为主题，营造大船入港的景色。

改造关键点

1. 阳台内推，打造“甲板”意象，并以鹅卵石将其带入室内，扩大视野尺度。
2. 四面大开窗，不仅自然光满溢，也将四周景色融入设计之中。
3. 一体成型的沙发与水泥铸造砖堆起的吧台和水泥墙面相呼应，并体现原始的建筑量体。

好采光清单

□阳台内推，以甲板为主题，纳景色于设计之中。

□前后落地开窗依山傍海，使室内洒落自然光。

□去除隔断，开放式的空间设计使光线满溢。

后方倚靠着绿意盎然的山壁，正面对着来往于世界各地船只的基隆港，40年房龄的73 m²的老建筑带着岁月的印记，向我们展示着斑驳水泥墙及老旧管线。在台北工作的小夫妻，颠覆思想，远离尘嚣，选择这处邻近港边的郊区房，因此设计师以“冒险”为题，以甲板为意象划分出带状的全景落地窗阳台，形塑出大船进港的精神。一入室内，保留斑驳的水泥墙面，后方山壁在经过重新修整及绿化后，设计师将浴室置于后山侧并把墙面解放出来，不仅让人在客厅即能感受到山壁的四季表情，更可以在泡澡时感受宛如置身于幽静山林中的惬意。

▶开放式设计展示无尽视野

设计师将全部隔断墙拆除，运用老建筑的梁柱系统支撑，完成开放式空间设计，令仅有 73m² 的室内空间拥有无尽视野。

因为屋主的颠覆思想，设计师以“冒险”为题，用甲板的意象规划全景落地窗阳台，并以带状卵石延续设计入内。

▶水泥灌模沙发结合铸造吧台一体成型

将原有结构柱以模板灌浆结合成型设计的沙发底座，搭配后方预铸水泥块砌成的吧台，形塑具有粗犷水泥味又兼具极简利落的居家样貌。

保留原有的水泥墙面、地板、嵌灯与老旧管线，不仅可以表现“冒险”主题，也是现代工业的完整展现。

▶现成素材展示工业风

废弃多年的老公寓，设计师将墙面漏水壁癌修补后直接呈现，其斑驳感体现出岁月的痕迹与历史的沉淀。

立面设计思考

思考 1. 将四周环境纳入考虑范围，不受室内空间所限

在规划时不只从室内设计的角度进行设计，而是将周遭环境融入室内中，让整体一致，宛如生活在艺术品之中。

思考2. 现代与历史、设计与环境的完美结合

装潢的费用多用于拆除，墙面仅做修补并留下历史的痕迹，体现出老旧事物的美感以及与环境融为一体的和谐。

将浴室置于室外后山侧并把墙面解放出来，令泡澡时宛如置身于幽静山林之中。

实例解析 4

□套房 ☑挑高 □单层

接引单面采光，穿透隔断取正空间

为小家庭争取完整生活功能

室内面积：40 m^2
原始格局：**毛坯屋**
规划后格局：**两室一厅**
居住成员：**2 人**
使用建材：**清水模涂料、钢刷梧桐木皮、超耐磨木地板、铁件、玻璃**

文／杨宜倩 空间设计暨图片提供／虫点子创意设计

改造前问题

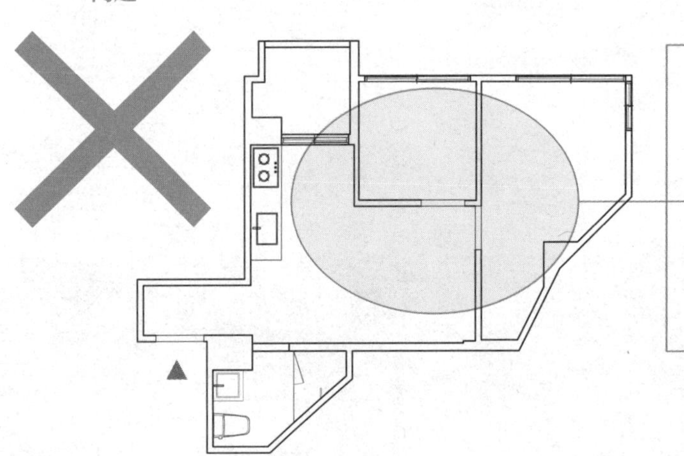

问题1 ▶**单面采光，唯一的采光面与临栋建筑距离很近，几乎是伸手可及。**

问题2 ▶**建筑本身形状特殊，室内空间多斜角畸零地。**

问题3 ▶**室内高度仅3.4 m，横梁粗大，规划上层须考虑使用的舒适度。**

采光+生活动线思考

营造室内开阔感兼顾居住成员需求

屋主为单亲妈妈，与一个小孩同住，希望在小面积住宅中放进两个人生活所需的功能，各自拥有独立的房间，预留足量的收纳空间，同时拥有既亲密又各有隐私的空间规划，并降低与邻栋建筑相距过近所产生的压迫感，借助唯一的采光面，让室内明亮温暖又不失设计感。

破解1 ▶最佳采光留给客厅 采光面不设隔断，并将使用时间最长的空间靠窗规划，搭配百叶帘既采光又遮挡视线。

破解3 ▶顺梁位重新规划格局 顺着梁位设计旋转电视柜，弱化大梁存在感，走道与厨房上方精算高度规划儿童房。

破解2 ▶畸零角度落设计收纳空间 于主卧畸零斜角空间规划更衣室，通过柜体与化妆桌拉齐空间线条。

改造关键点

1. 厨房增设吧台满足用餐及阅读需求。
2. 入门无采光的畸零空间规划为走道，可通往厨房、客厅与楼梯，创造流畅的室内动线。
3. 顺着梁位规划客厅与主卧，以旋转电视墙及架高地板区隔，上方用玻璃隔断确保光线通透。

将从大门入内至各空间的动线整合在走道上，缓解来回折返的不便。由于大门是全室采光最差的部位，顺着动线入内给人以逐渐明亮开阔的感受。

▶柳暗花明的动线设计

好采光清单

- □将采光最好的位置留给使用时间最长的客厅与主卧。
- □开窗面不设隔断，确保光线与空气能进入室内深处。
- □将夹层设在走道与厨房上方并以玻璃作为隔断，保留最大范围的净高。

小面积新住宅存在着斜角屋型、梁柱粗大及仅单面采光的问题，屋主是在预售期间买下的，没想到交房时采光面已盖了另一栋住宅，且栋距超近。考量到室内的舒适度，设计师决定大幅引入采光，创造室内光影风景来弥补不能开窗的缺憾。将最常使用的客厅安排在靠窗面，且维持采光面的净高，电视墙后面则是主卧，并将斜角墙面以更衣室和柜体修饰，增加收纳空间。隔断不做满或是选用玻璃材质以确保透光，并选用可调整高度的百叶帘，引光入室且维持隐私感。

▶走道引导动线兼具收纳功能

小空间规划充分利用走道，设计展示型书柜，既可存放书籍也能摆设饰品，丰富过道的风景。

▶空间配置化解斜角屋型

主卧范围内有一道斜墙且突出一根大柱子，使空间变得破碎不方正，设计师在这道墙上安排更衣室与化妆桌，修饰凌乱的空间线条，同时增加收纳空间。

▶采光面最大化运用

拆除原房间的隔断墙，将采光面全部开放，改以半高旋转电视墙上方结合玻璃隔断让光线穿透；厨房引入阳台采光，让吧台内侧与厨房拥有更充足的光线。

采用清水模感墙面铺陈走道与梯间，大梁隐藏在墙后，在楼梯转折处设计师不忘极致运用梁下空间以供收纳，隐藏式门板设计虚化了柜子的存在感。

立面设计思考

思考 1. 大面积清水模墙延伸视觉
更衣间与楼梯共用的墙面采用清水模涂料铺陈出垂直立面，将梁隐藏在立面之后，铁件制作的轻盈扶梯拾级而上，作为进入室内与空间中的端景，给人以视觉向上延伸的感受。

思考 2. 玻璃框起白色旋转电视墙
去除卧室实墙隔断后，为了让采光面最大化且保护主卧隐私，设计可在客厅主卧双面用的旋转电视墙，上方及左右都用清玻璃隔断，搭配卷帘适时区隔以保护隐私。

由于要尽可能地让单面采光流淌室内，主卧与客厅的隔断和门板、楼梯护栏与楼上隔断墙，皆采用清玻璃，创造全室通透明亮的空间氛围。

实例解析 5

□套房□挑高☑单层

乐龄休闲宅

平日两个人，周末一家子的弹性生活尺度

室内空间：83 m²
原始格局：两室两厅一书房一卫浴
规划后格局：两室两厅一书房一卫浴
居住成员：2 人
使用建材：绿色水泥、不锈钢铁件、花砖、天然木皮、橡木海岛型木地板

文／张景威 空间设计暨图片提供／尔声空间设计

改造前问题

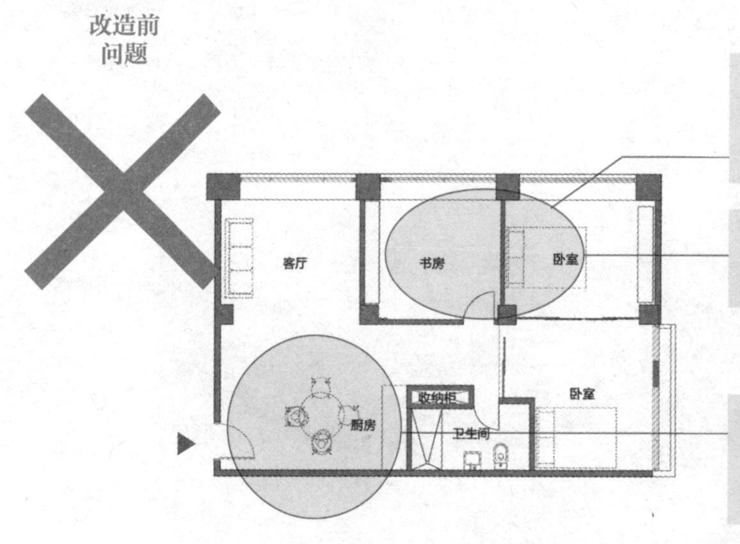

问题1 ▶隔断过多，自然光被锁于房间内，公共区域采光不良。

问题2 ▶两间房间仅有一个出入口，缺乏隐私。

问题3 ▶入口玄关窄小并以高墙阻隔，显得十分昏暗。

采光+生活动线思考

大开窗与开放式设计，扩大采光面视野尺度

建筑本身是处于阳明山温泉区的老房子，在仅有不到83 m²的公寓中，要容纳一对退休夫妻，加上经常来访的孙子孙女，格局上要富有最大的弹性，运用开放式空间设计与大开窗纳入室外景致，不仅自然光洒落进来扩大了视野尺度，且空间也得到了最佳运用。

改造后
破解

破解1 ▶大开窗延揽光线与美景 将原本客厅后方的一间房间打通，作为开放式客餐厅进行设计，并以两面大开窗揽光线与自然美景入内。

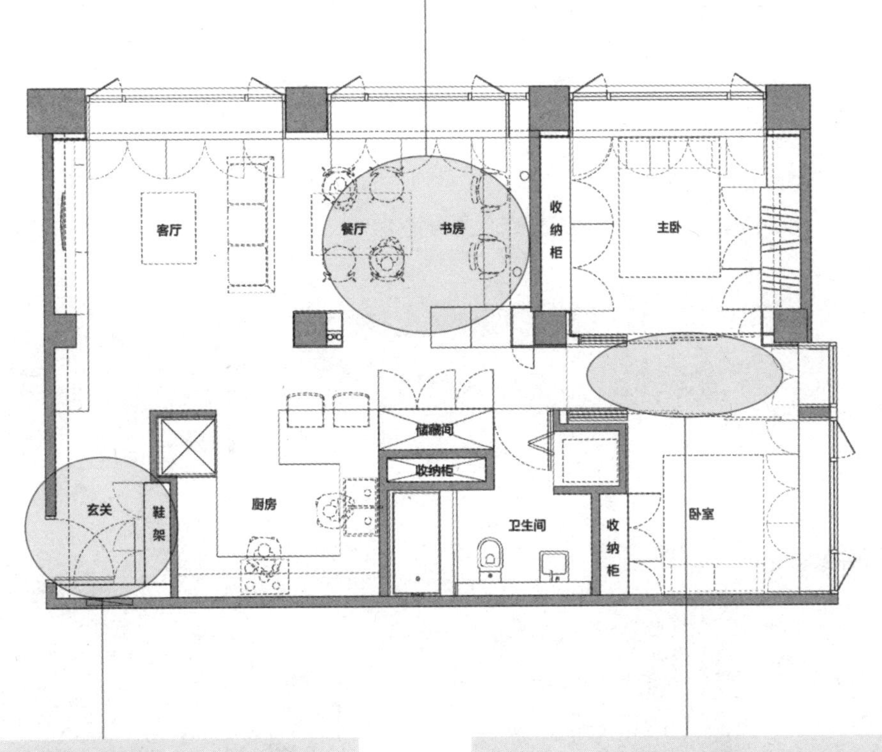

破解3 ▶拓宽走道，以镜墙收拢光线 玄关入口处拓宽为1.2 m并辅以镜墙，让原先光线不易到达之处显得开阔明亮。

破解2 ▶小退空间获得更多 卧室与客房以拉门区隔并留有走道，仅是小退空间却解决了两室同一出入口的问题，并令光线能贯穿全室，使视觉尺度更加宽广。

改造关键点

1. 去除多余隔断，公共区域采用开放式设计，令小住宅也能有面积加乘的效果。
2. 设计师利用特制木框，框塑原有开窗立面，不仅可将纱帽山的美景当成画作来欣赏，同时也促进了空气对流。
3. 以结构量体的畸零处作为全室的收纳空间，藏家中杂物于无形。

好采光清单

- □加大窗景尺度，多纳自然光入室内。
- □开放式的空间设计，令光线自由流动其中。
- □活动拉门取代实体门墙，并运用玻璃、镜面等材质反射吸纳光线。

设计师在为已经升格当爷爷、奶奶的屋主重新装潢40年老屋时，从生活需求的便利角度思考，首先是破解原本室内阴暗、狭小的困扰，通过加大窗框范围，令自然光更具穿透力，创造连续的视野，并通过胡桃木延伸平台，形成一个平面，窗景犹如画框将室外景色收于窗内，下方则是一整排的隐藏式收纳柜，满足收纳需求。而卧室与客房则以拉门区隔，平时不关门，视野宽阔，而随着家人、朋友入住，则可灵活运用，根据情况可隔成两间房或是大通铺。

▶框塑自然美景宛如画作

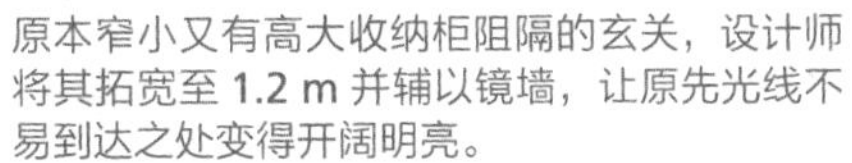
原本窄小又有高大收纳柜阻隔的玄关，设计师将其拓宽至 1.2 m 并辅以镜墙，让原先光线不易到达之处变得开阔明亮。

设计师将发挥开放空间最大的包容尺度作为定位。设计师利用特制木框，扩大原有开窗立面，使更多的光线与纱帽山美景进入空间，同时也促进空气对流；并利用建筑外墙，在窗台以下规划柜体以增加收纳。

山上环境不同于平地，许多生活细节都不能轻视，例如山边水气多、湿气重，窗台外檐采用大理石让水气不易积累流入室内。

沿用框景的手法，强调排列在房子中央的旧有水泥柱，将公共空间与私密空间用同一语汇串联在一起。利用当中的柱子形成两面相通的铁件木书柜，巧妙地界定厨房与书房，但又不阻挡自然美景进入厨房。

▶老旧住宅最重视卫浴细节

年长者住宅的安全设计不容小觑，譬如卫浴空间地面的防滑处理，壁柜与洗手台的干湿分离规划，浴缸边缘加宽让屋主以坐姿入浴缸等细节都马虎不得。

立面设计思考

思考 1. 让四周景致成为设计的一部分

将周围环境考虑进设计中，使外观景致成为室内的一幅画，于无形中将里外结合成一体，令人忽略所在空间的尺度。

思考 2. 活用建材与配色放大面积

小空间中建材的运用须多做思考，选择浅色材料能令室内显得宽阔，而深色不锈钢铁件烤漆除了强化梁柱的线条外，也使其更具立体效果。而玄关区使用镜墙，除了在进出门时能整理仪容外也将自然光引入。

▶以拉门随意转变房间的使用形式

原本两个房间同一出入口的问题，在设计师说服屋主后，将卧室与客房以拉门区隔并留有走道。当儿孙造访时，不仅可以增加小朋友自由活动的范围，也能根据不同需求灵活应用。

第 4 章 收纳及功能

化零为整、功能重叠，小住宅好好收

关于收纳及功能设计师这样想

01 化零为整让收纳更有效率

小住宅的收纳设计原则是分寸必争，其中对畸零格局的利用更是重点，最常见的如楼梯、和室、卧榻下方空间。而柜体的设计重点在于应变设计，必须视现场条件来变化，即使只有15 cm也可做薄柜放化妆品或药品，深一点则规划抽屉柜，让每一寸空间都发挥作用。

02 从功能区域“偷”出收纳空间

当住宅实在无法额外挤出空间收纳杂物时，转角过道、架高地板甚至隔断墙都可以开辟收纳空间，其中须特别注意的是要保留一定的走道宽度，架高高度要方便日常使用、预先规划好两侧用途等。

03 功能重叠提升空间泛用性

住宅空间有限，功能重叠是必然的选择，也是提升住宅空间效果的好方法，例如厅区的吧台餐桌除了用餐外，也可以作为书桌、办公区域、孩子绘图游戏区等，增强功能区块的泛用性，这才是最聪明的使用方式。

04 收纳柜取代隔断提升空间使用率

小住宅居住成员数量少且关系亲密，加上空间规划时锱铢必较，因此在提升空间使用率的考量下不妨从隔断上来“偷”点空间，如用房间必备的衣橱柜体来取代隔断墙就是很不错的做法。若担心少了实墙会有噪声，可将双边房间的柜体背对背并排设计，就能保有与实墙一样的隔声效果。

05 靠边站的墙柜收纳方式

墙壁可以说是空间中最大面积的形体，因此，对于无法另外腾出空间来做收纳柜的小住宅来说，将墙面转化为柜体是很实际的做法，绝对可容纳大量的物品。但要注意的是，这种靠边站的收纳设计若做满容易产生压迫感，所以其下方可悬空并搭配间接光，露出地板可释放出更大的空间感。

06 墙柜化为装饰造型墙

在没有多余空间做装饰设计的小住宅中，想凸显品位风格与造型设计，唯有遵循“形随功能而生”的设计原则，而像画布般的墙面就是很好的挥洒空间，可将造型、线条、色彩与材质等内化至墙柜上，无论是开放设计或者加上门板都可秀出风格与设计态度。

07 多面向服务的超能收纳柜

在小住宅中常能见到许多超好的设计，其中多面向柜体就是一例。为了提高橱柜的利用率，电视柜或玄关柜等常做双面收纳规划，这些柜体设计的主要原则是要能满足周边区域的收纳需求，不只双面柜，甚至有三面或四面向的立体柜，而柜内的应用区隔则可依屋主的需要量身定做。

08 利用梁下或梁柱旁开辟收纳空间

床头梁下位置很适合规划衣柜，既可用来遮住梁让空间更简洁，还可增加收纳空间，若担心柜子会影响空间感，可以只利用上方做吊柜，中间为开放式展示平台，如此就可以兼顾到空间感及功能性。另外也能利用梁柱的柱体深度规划柜子，一来可增加收纳空间，又能达到修饰的效果。

09 运用楼高优势设计垂直收纳空间

楼高若不足4 m，考量人在夹层无法完全站立，因此建议规划为置物空间，或是简易的客房，不过假如楼高达4.2 m以上，垂直高度就能充分利用为更衣间或是儿童房，使用起来更舒适。

10 楼梯可以是家具与抽屉

如果是两个楼层的小住宅，当楼梯采用两段式设计时，在第一、第二阶可采取具有功能的方式设计，例如兼具沙发边桌的用途，同时也能利用楼梯的高度设计为抽屉，又或者是可以让楼梯连接书桌、厨具等，既可增加功能，又不占空间。

11 双层柜设计，激增收纳量

双层柜的设计，虽然实用但也得考虑物品的大小，甚至完成后是否会占据太多空间，因此双层柜的设计以书柜居多。由于书籍包含漫画、小说、杂志等，深度与高度尺寸不一，因此可以运用双层柜方式，内层深度48.5 cm，外层深度13.5 cm，使收纳变得更有条理，同时也能让每层发挥它的最大效益。

12 抽屉分高低，把效率藏进柜子

柜体可以做双层设计，抽屉当然也能够有变化。规划抽屉时，可以区分不同高度进行设计，由深至浅，依需求规划2层或3层的抽屉，根据不同的分类进行摆放，效率得以提高，也把机关藏进抽屉里。

状况

09

▼

空间有限，收纳不足

平面图破解 手法 1

☑单层

退缩墙面，善用畸零空间，扩增收纳空间

室内面积：83 m²
原始格局：三室两厅 | 完成格局：三室两厅
居住成员：一家三口

文／刘芳婷　空间设计暨图片提供／摩登雅舍室内设计

原有格局中厨房封闭而狭小，且全屋缺乏收纳规划。设计师将餐厨区隔断拆除改为拉门，放大厨房，并且增设厨具收纳，一方面退缩紧邻餐厅的隔断墙，让房门转向，化解门对门及廊道阴暗的问题。餐厅区则利用结构柱的畸零空间增设收纳柜，主卧及两间儿童房分别规划衣柜，客厅电视墙两侧也设置落地收纳柜，改善全屋收纳不足的问题。

改造前问题

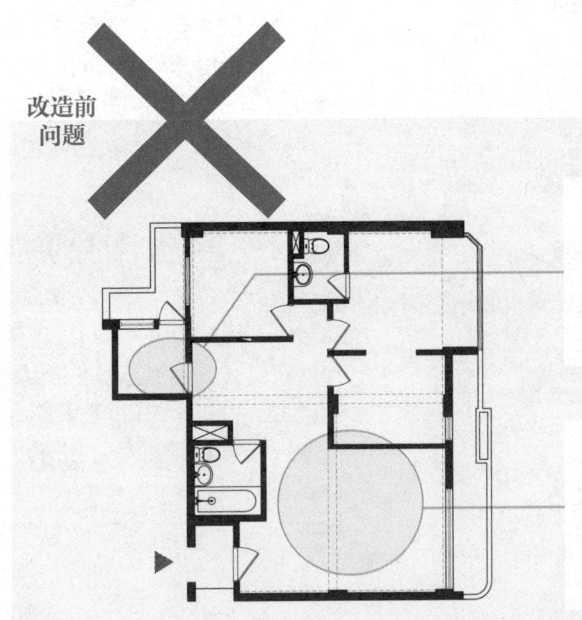

问题1 ▶封闭的厨房太过狭小，无法规划大容量的收纳空间，甚至连冰箱也只能放在外面的餐厅，使用起来非常不便。

问题2 ▶不论客厅、餐厅、厨房、卧室都缺乏收纳，餐厅一旁结构柱产生的畸零角落，则让空间难以利用。

改造后
破解

破解1 ▶拆墙扩大厨房，厨具变大也放得进冰箱 将厨房、餐厅之间的隔断墙拆除，改为拉门区隔，并且放大厨房，配置L形厨具，并将冰箱置入，不仅收纳容量倍增，动线也更顺畅。

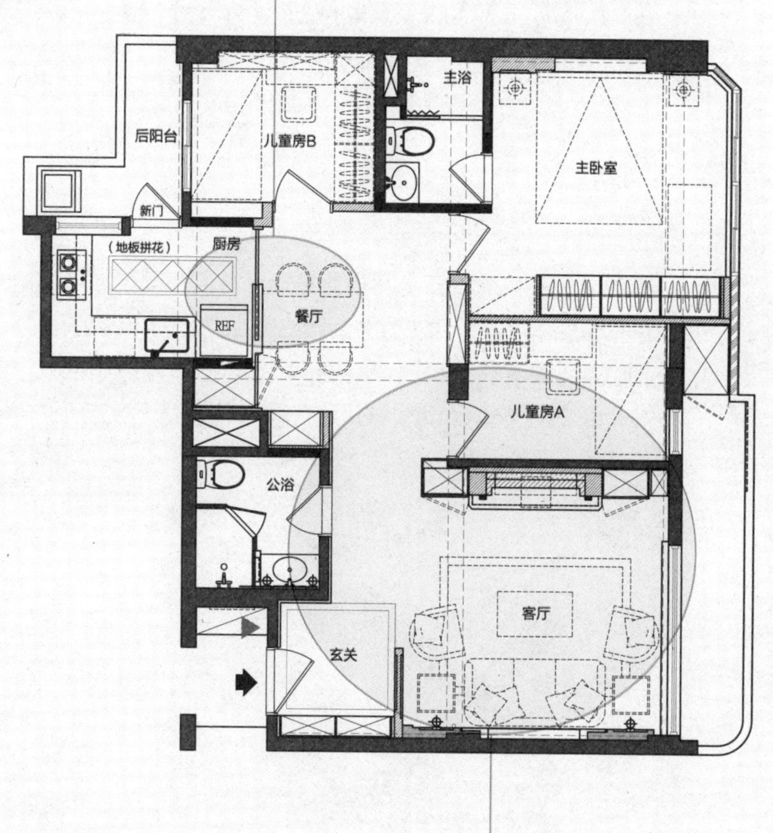

破解2 ▶改变动线增加收纳柜体 玄关配置鞋柜，客厅电视墙两侧设置收纳柜，每间卧室设置容量充足的衣柜，更改公用卫浴入口，在餐厅结构柱旁的畸零空间，设置餐柜、电器柜，满足分区收纳的需求。

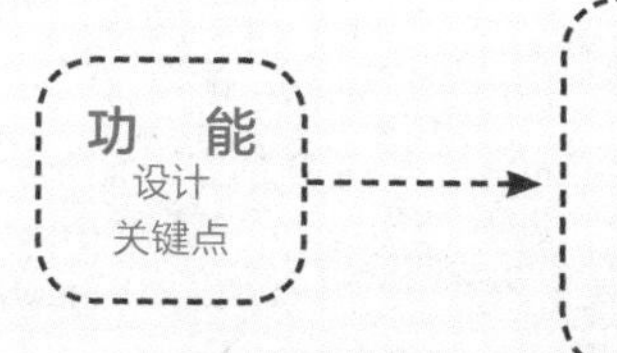

利用梁下规划书柜，增加收纳空间

除了通过墙面、结构柱体创造各式柜体，设计师更巧妙地将恼人的大梁化身为收纳空间，在横亘于走道、餐厅的大梁下规划书柜，以上开放、下门板的形式构成，可摆放书籍或是展示品等物件，同时又能虚化梁的存在。

平面图破解 手法 2

☑单层

卧室内缩 40 cm，换取 3 m 长超大容量壁柜

室内面积：53 m^2
原始格局：两室一厅一卫 | 完成格局：两室一厅一卫
居住成员：夫妻

文／黄婉贞　空间设计暨图片提供／瓦悦设计

拆除之前规划的入口电器柜背景墙，打破餐厨区，成为由吧台连接的欢聚空间，解除原本玄关阴暗的困扰。而53 m²两室一厅的住宅格局，能容纳柜体的角落便不多，不过，设计师利用40 cm的次卧长度，换成同样40 cm宽、却足足有3 m长的超大容量壁柜，解决住宅收纳空间不足的问题。

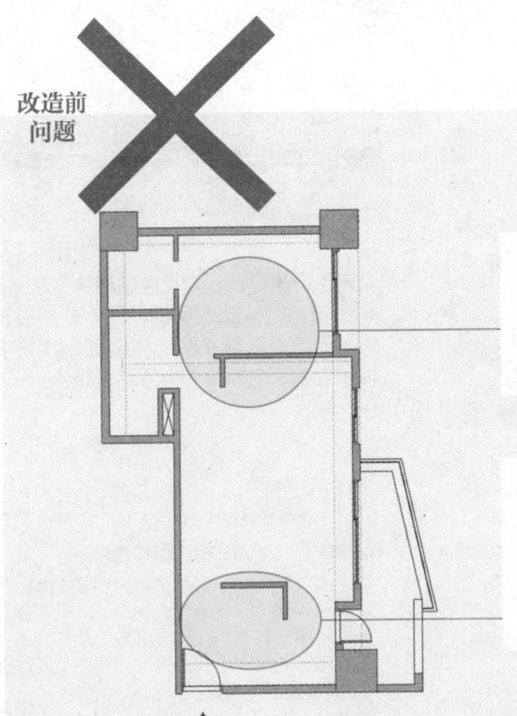

问题1 ▶走道只剩下过渡功能，无法增加任何设计，还会出现大门正对主卧门的不利问题。

问题2 ▶玄关处L形实墙限制住了餐厨区的发展与可能性，更导致对外窗光源完全被遮蔽，形成完全黑暗的入门角落。

破解1 ▶内缩40 cm换3 m长的大容量收纳壁柜　将次卧室总长内缩40 cm，走道宽度足够，便能在墙面规划总长3 m的收纳柜，将次卧的零碎面积变身大容量收纳空间，同时也解决了大门正对卧室的难题。

破解2 ▶多功能双层吧台取代L形实墙　拆除厨房多余的实墙，释放空间与光源，改以双层吧台连接餐厨区，这是可加大的贴心设计；厨房一侧的吧台下空间做收纳电器使用，踢脚处中间设置灰色玻璃遮蔽，使杂乱不外露。

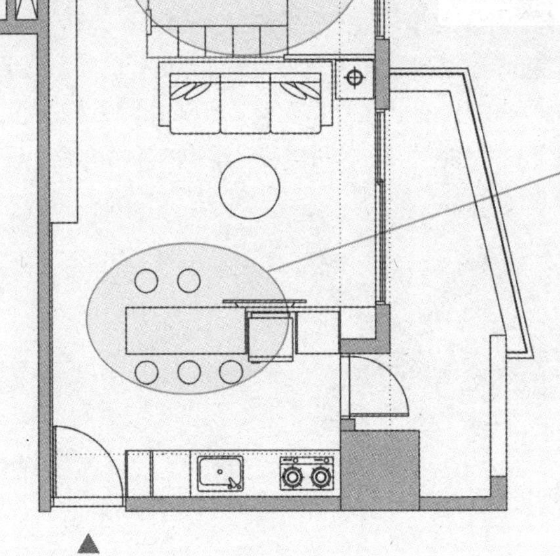

功　能
设计
关键点

双层吧台桌兼具厨房收纳功能

吧台桌是连接餐厨与客厅的关键，平时除了可当备餐台、用餐区外，设计师在80 cm、75 cm的双层桌靠厨房一侧装设门板，桌子下方则以灰色玻璃璃做区隔挡板，巧妙规划成一个具备多重功能的组合式收纳柜，而朋友来时只要轻松拉开下方桌体，即可延伸桌面，变身宴客场所。

平面图破解 手法 3

☑单层

收纳柜变身隔断，美观储物不占空间

室内面积：56 m²
原始格局：一室两厅两卫｜完成格局：一室两厅两卫、佛堂、小储藏间
居住成员：1 人

文／黄婉贞　空间设计暨图片提供／明楼室内装修设计

屋主喜爱住宅原本给人的开阔、简洁之感，希望在不增加太多家具柜体的前提下，满足收纳需求。设计师以收纳柜体取代隔断墙，架高区暗藏收纳抽屉，转角的圆弧书柜量体暗藏储藏间，通过这些方式力求收纳量体自然融入住宅当中，保持使用面积不变。同时考虑女主人平时都在家工作，便把原本的工作阳台开口转向，左侧临窗处就成了完整的明亮架高区，将其设定为瑜珈区。此外为满足屋主盘腿坐的习惯，舍弃固有的沙发厅区配置，改以木地板铺贴全室，令住宅呈现出与众不同的格局分配，形成量身定制的禅风住宅。

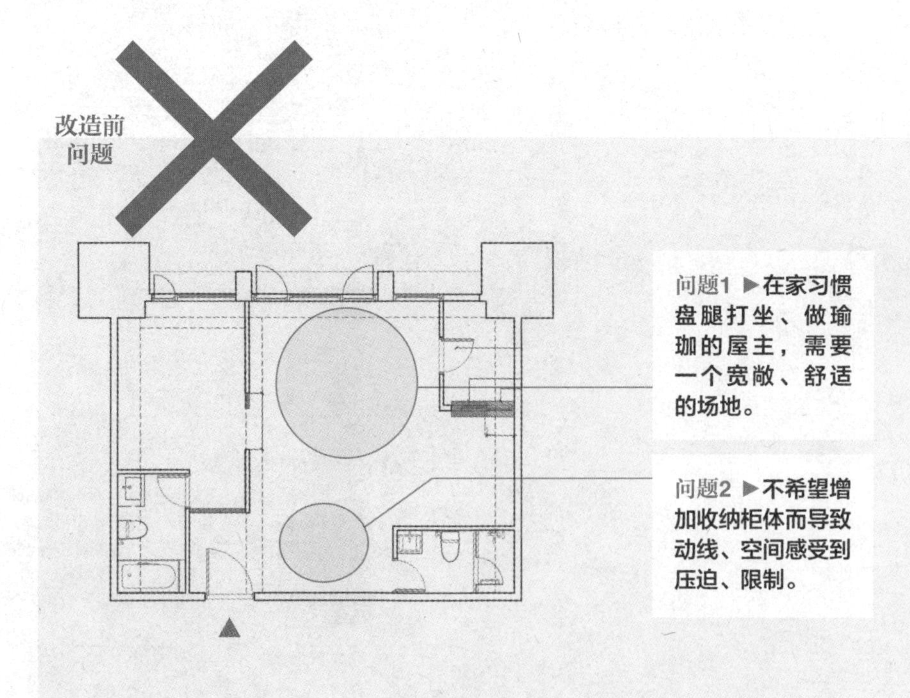

改造后
破解

破解1 ▶**架高区域使屋主在客厅也能做瑜珈** 舍弃沙发量体，全室铺贴木质地板，让屋主随处皆可轻松坐卧；而最重要的瑜珈场所则规划在厅区临窗处最明亮的地方，架高20 cm，搭配拉门，也是朋友借住的客房区。

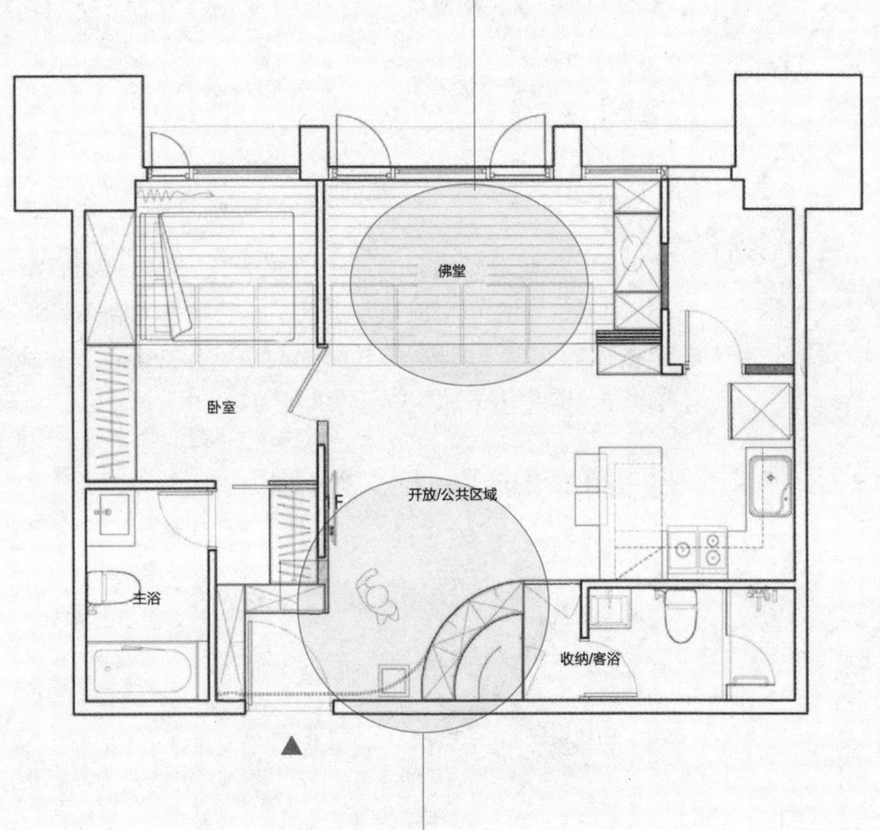

破解2 ▶**隔断墙变身柜体、储藏室** 拆除原来的玄关墙面，改为柜体隔断；右侧进入厅区处增设圆弧书柜摆放医书，背后则设置可进入的小储藏间，方便收纳大型物件。

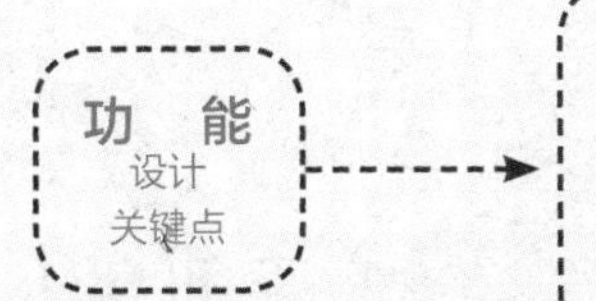

圆弧转角柜内藏客浴、小储藏间

入口区右侧有个闲置角落，因为位于主要动线上，为了避免方形收纳柜在转角处过于生硬，改采圆弧转角包覆，外侧腰带凹槽可供收纳医经，打开隐藏门右转可进入圆弧后方的小储藏间，左转则是客浴。

平面图破解 手法 4

☑挑高

圆角取代直角+善用垂直高度，释放空间，收纳空间加倍

室内面积：33 m²
原始格局：一室两厅 | 完成格局：一室两厅、储藏室
居住成员：2人

文／余佩桦 空间设计暨图片提供／欣琦翊设计有限公司 C.H.I. Design Studio

原本是挑高两层楼的空间，一进入到空间中，便能感受到锐利的直角与线条所带来的视觉压迫感；再者，小空间的功能显得零碎且不充足。于是设计者借助圆角取代锐利直角柔化空间结构，并通过白色系的运用，提升室内亮度，使空间更显干净。另外，空间中大量安排的柜体满足了收纳需求，功能被整合运用，如电视下的柜体加上活动滑轮，取出即化身为桌椅使用，兼具多重功能性与便利性。

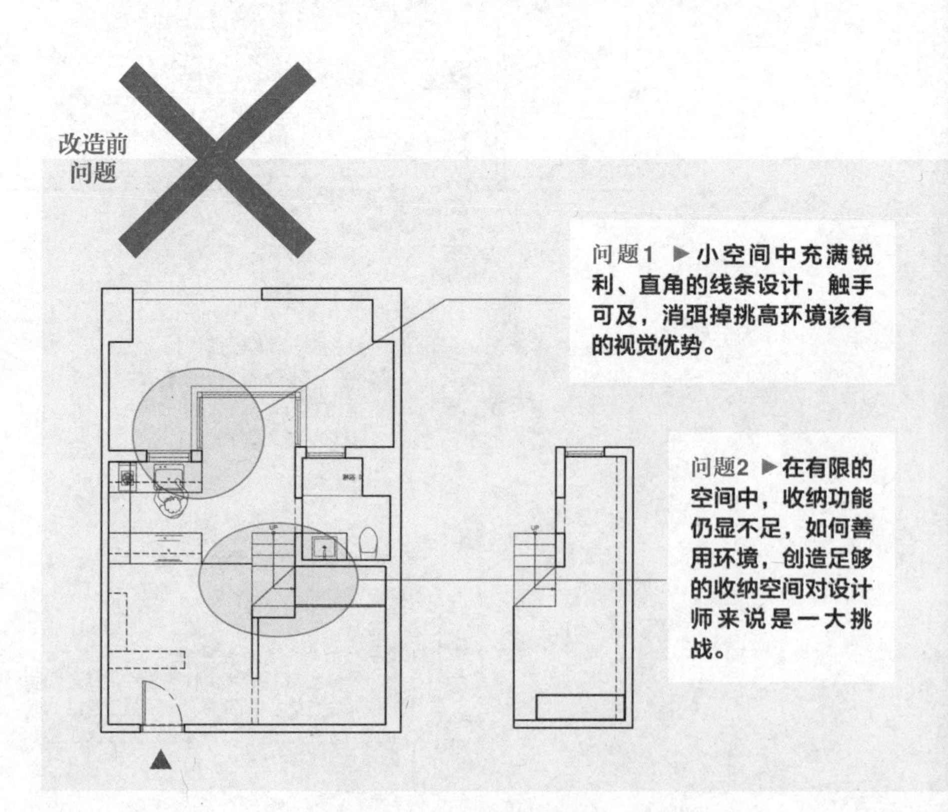

改造后破解

破解1 ▶善用弧线与圆角释放空间感 小空间里线条的运用更需谨慎，刻意舍弃楼梯间的扶手，此外运用弧线与圆角，取代锐利的直角，如此不仅柔化了空间结构，还释放出挑高格局该有的空间尺度。

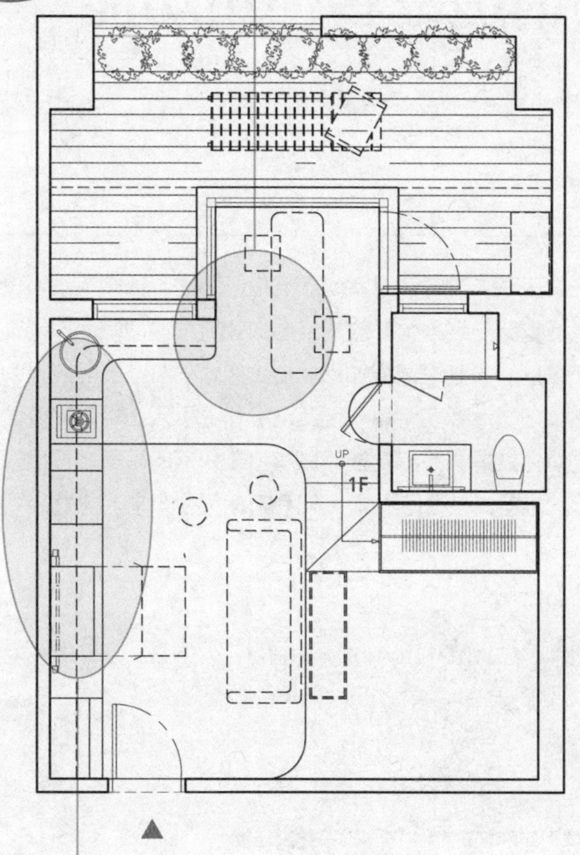

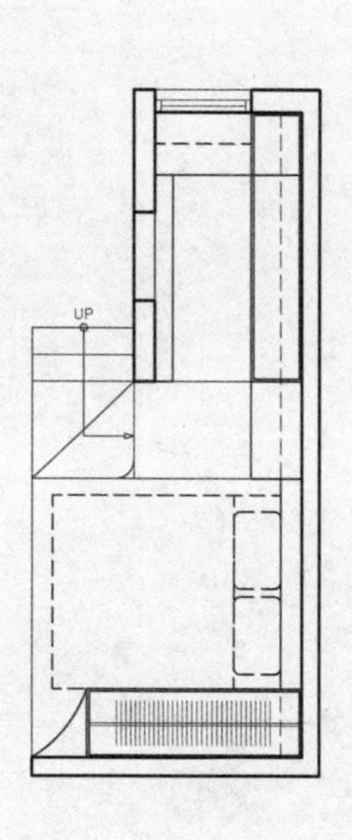

破解2 ▶向上找空间让收纳面积加倍 既然空间无法横向发展，便选择垂直向上找空间，可以看到在厨房上面做了一整面的收纳柜，一路延伸至电视墙面。充足的置物量，让空间既美观又实用。

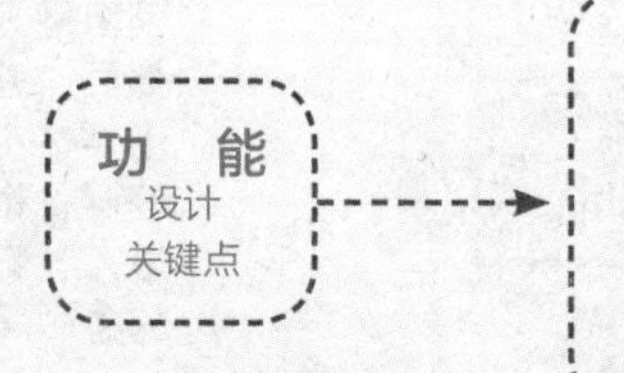

满足各种需求的收纳形式

收纳柜体虽一路从厨房区延伸至客厅、玄关区，但可以看到柜体采取开放、封闭的收纳设计，能够依对应的功能做适合的摆放。此外，对一些畸零空间也没有放过，像是阶梯间、厨具设备两侧等，也都做了收纳设计，使收纳空间更充足。

平面图破解 手法 5

☑单层

隔断柜设计串联动线，同时创造复合使用功能

室内面积：50 m^2
原始格局：**三室两厅** | 完成格局：**一室两厅**
居住成员：**2人**

文／陈佳歆　空间设计暨图片提供／邑舍设计

闲置已久的老房子，在传统三室两厅的格局下显得昏暗狭小。设计师拆除原有隔断重新规划为全开放式格局，让有限的空间面积能充分被利用，并在餐厅及主卧之间增加黑色柜体作为隔断，各区域之间的关系通过柜体拉门灵活界定，采光因此也被充分引入。柜体的双面设计让小空间的量体发挥最大的功能。原本位于角落的厨房被移出取代原本的小卧室的位置，与客厅形成一个完整的休闲场所。

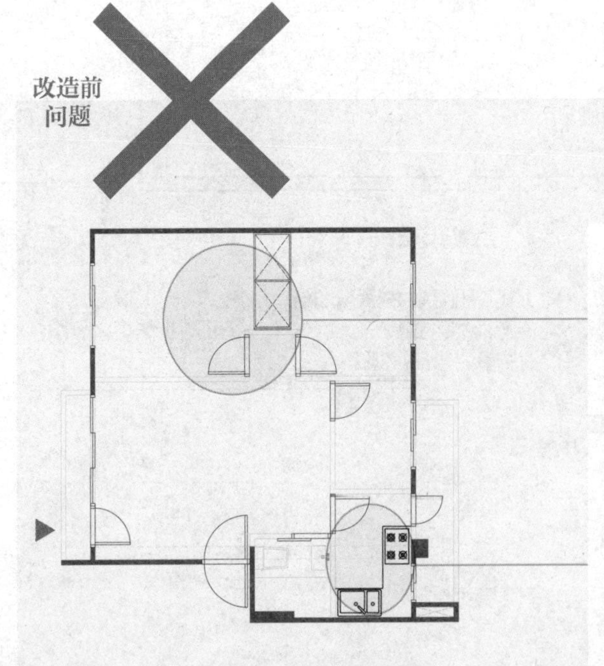

问题1 ▶**封闭式厨房和卫浴空间过于狭小，加上位于角落没有对外窗，光线昏暗，空气不流通，使用也不方便。**

问题2 ▶**仅有50 m^{2}的公寓规划为三室两厅的格局，面积未被有效利用，使空间拥挤且有压迫感，也阻隔主要光源进入，完全不符合目前的生活需求。**

破解2 ▶复合功能柜体提升空间使用效率 在开放式空间架构下拆除原有隔断，以黑色柜体在餐厅及主卧之间作为隔断，并借助拉门设计灵活界定区域，平时敞开时形成自由的生活动线，关上拉门即可区隔厨房与客餐厅。

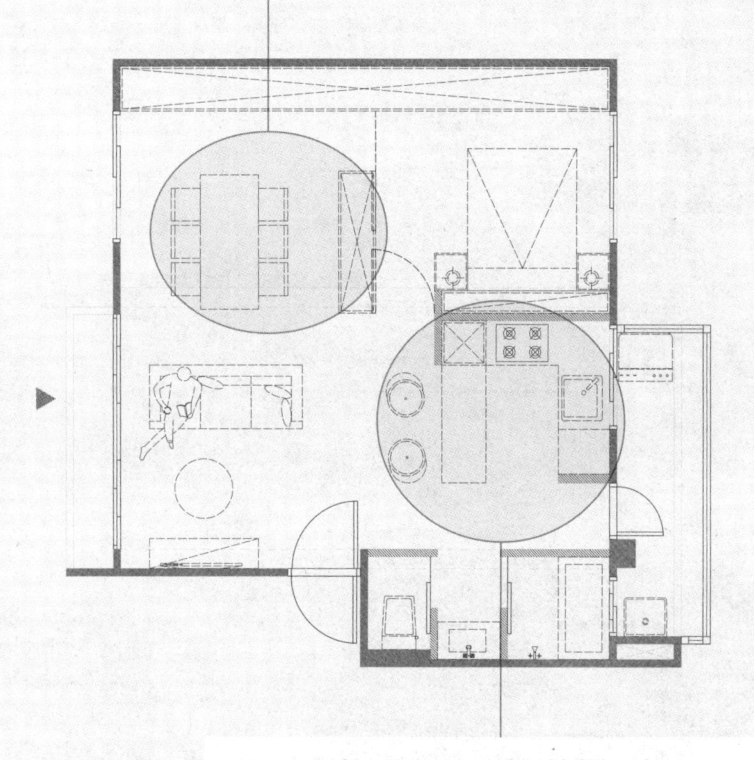

破解1 ▶重新配置卫浴及厨房，创造休闲生活 卫浴及厨房顺着空间轮廓规划，将厨房移出扩大面积，以开放设计与客厅形成一个完整的休闲空间，扩大的卫浴则配置成含有淋浴及浴缸的舒适沐浴场所。

柜体双面设计提升小空间的收纳功能

复合式的柜子除了作为隔断外，双面柜体的设计让小空间收纳发挥最大的作用，面向餐厅的一侧能作为展示柜使用，面向卧室的一面则可以当成书柜，柜体同时隐藏两道通往餐厅及客厅、厨房的拉门。

实例解析 1

☑单层

顺墙设置柜体，留出空间给公共区域，空间不缩减、不显小

全家都好收好拿的满满收纳

室内面积：63 m²
原始格局：**两室两厅**
规划后格局：**两室两厅一卫、储藏室**
居住成员：**3人**
使用建材：**超耐磨木地板、白橡木、文化石**

文／蔡竺玲　空间设计暨图片提供／ KC design studio 均汉设计

改造前问题

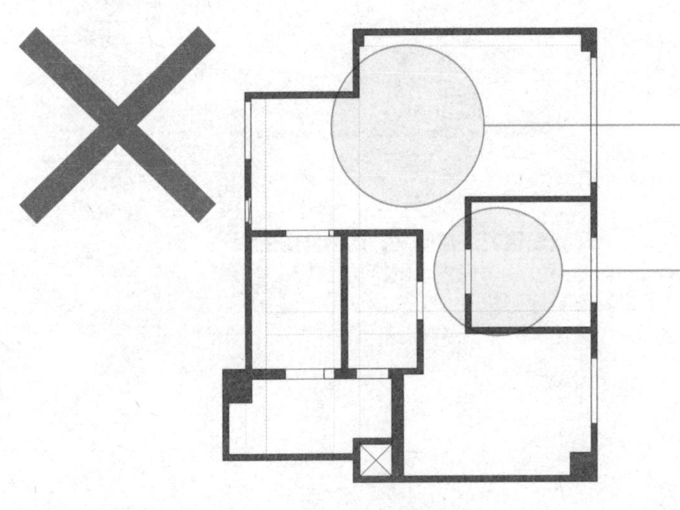

问题1 ▶**在小面积空间中，收纳和放大空间的需求难以平衡。**

问题2 ▶**儿童房的空间较小，内部配置稍有压迫感，需重新调整。**

功能+家庭成员思考

顺应动线的收纳区域

63 m²的空间中额外配置一间储藏室，不论是行李箱，还是吸尘器等大型家电都能轻松隐藏。储藏室位于客厅一角，与餐厨区相连，有效顺应家事动线。而中央餐柜采取开放设计，贴心设置微波炉、咖啡机等常用机具的区域，可随意取用的设计，让使用更为顺手。

改造后
破解

破解1 ▶**斜切+弧面设计，拓宽空间视野** 将柜体沿墙面和梁下设置，化解畸零角落，而玄关和客厅的储藏室分别采用斜切和圆弧设计，拓宽入门视野。巧妙配合收纳鞋子、衣物的不同尺寸，通过变化柜体深度，一点也不浪费空间。

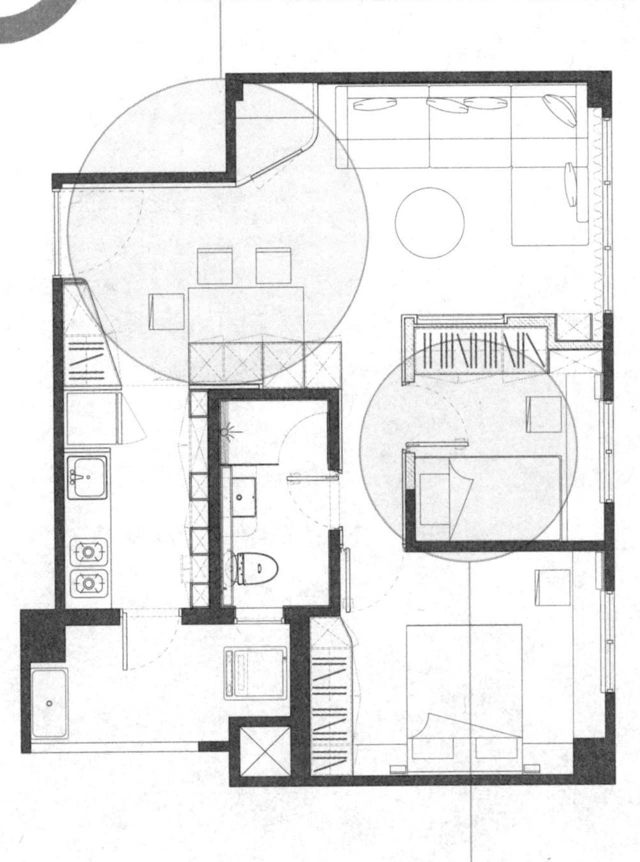

破解2 ▶**儿童房微幅外移，腾出收纳空间** 与客厅相邻的儿童房向外挪一部分墙面，腾出空间摆放衣柜；而部分空间则留给客厅使用，以便收纳视听设备等物品，获得双赢效果。

改造关键点

1. 顺应墙面设计收纳空间，留出中央的余白空间，辅以净白色系或浅淡木纹的柜面，弱化量体的沉重感，避免造成空间感狭小。
2. 厨房改以半开放的拉门，可随意开合的设计，不但扩大了空间和视野轴线，也有效延伸了空间深度。

好功能清单

☐破除封闭厨房，改以中空拉门区隔，拉门拉开后可巧妙隐于柜体后方。可全开的设计有效引光入室，扩大空间面积。

☐运用柜体设计将畸零空间化整为零，抚平空间线条的同时，也获得充足的收纳空间。

☐天花刻意采用弧线造型，通过修饰梁体和空调机孔，使空间不会显得凌乱，不会造成压迫感。

---

63 m²的老屋里由于仅有3人居住，原有两室就已足够，无须大动格局。但原始空间面积较小，又须解决收纳不足等功能问题，因此公共空间采用半开放设计，整合玄关、客厅和餐厅，使各空间交叠共用，解决面积过小的窘境。将餐厅设置于公共空间的中心，从餐厅至厨房沿墙配置L形的柜体，中央的开放设计恰与餐桌同高，使用起来更为顺手。善用客厅角落另辟储藏室，弧线的造型柔化了空间线条，扩增收纳空间的同时，也使空间不显狭小。

客厅运用淡雅的浅色木地板斜向铺陈，厨房廊道则以斜拼石英砖与之相对，倒V形的设计增添了视觉律动。石英砖刻意裁切与柜面相等的宽度，展现细致、精心的拼贴手法。

▶倒V形拼接展现空间律动

▶一墙两用，兼顾客厅与卧寝的收纳功能

与儿童房相邻的电视主墙向外挪移，沿梁设置，不仅消弭梁体的存在，也分别为客厅和卧室设计收纳空间，使空间运用最大化。沙发背景墙以文化石展现粗犷纹理，刻画丰富的空间表情。

▶从平面至立面，形塑视觉重心

清浅木质地板的斜向设计有效引导视线向上延伸，入门餐柜刻意选用相同色系的木纹，地面、立面融为一体，使得位于中央的柜体更具份量，成为空间的视觉焦点。

立面设计思考

思考 1. 清浅木纹形塑空间重心

从橱柜、餐柜到卫浴门片，运用相同的木纹铺陈全体，让位于中央的量体成为空间重心，与净白墙面形成对比，更显独特、瞩目。

思考 2. 暗把手设计形塑平顺无碍的立面

从玄关、客厅到餐厅的柜体，皆采用暗把手的设计，仅通过柜面的线条切割暗示门片的存在，呈现干净利落的立面视觉效果。

实例解析 2

☑挑高

轻奢华更衣间，直逼时尚精品店

合身微格局，造就丁克夫妻的品位生活

室内面积：53 m^2
原始格局：5.2 m 夹层屋
规划后格局：一室一厅 + 玄关、厨房、衣帽间、卫浴间
居住成员：2 人
使用建材：KD 手刮木地板、特殊薄石材、大理石、黑镜、灰色玻璃璃、木皮、ICI 乳胶漆

文／ Fran Chang　空间设计暨图片提供／慕泽设计

改造前问题

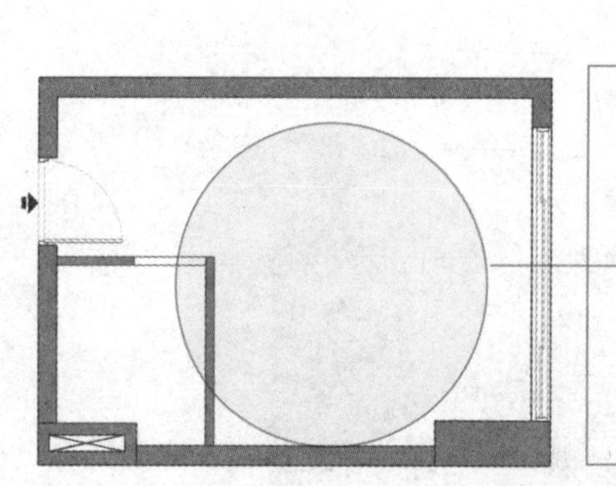

问题1 ▶大套房内虽设有夹层，但是格局与屋主需求不符。

问题2 ▶二楼夹层天花板有大梁，易造成不舒适感。

问题3 ▶楼梯动线与众多收纳需求，使小空间陷入捉襟见肘的窘境。

功能+家庭成员思考

为摩登夫妻打造合身的时尚住宅

考量只有夫妻两人居住，需求相对简单，因此决定采用“合身剪裁”的设计概念，在5.2 m的格局中做出夹层，并以楼层来区分公私区域。一楼空间虽不大，但经过缜密规划，在入口处加设鞋衣柜，紧接着基本厨房配置来满足简单需求，而客厅则以薄片石材铺陈电视柜，搭配沙发背景墙的白色柜墙，对映出黑白简约的摩登印象。

改造后
破解

破解2 ▶波浪曲线修饰大梁 规划为主卧室的二楼在临窗处遇到大梁，为避免产生不舒适感，除了以波浪曲线包梁外，还将梁下规划为桌区，可作为书桌或化妆区。

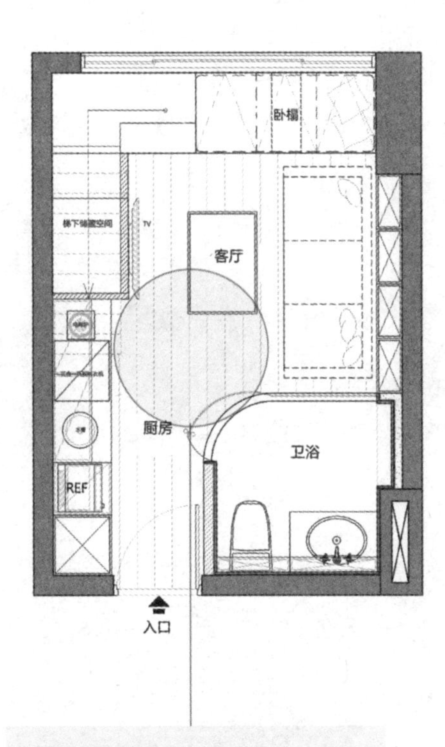

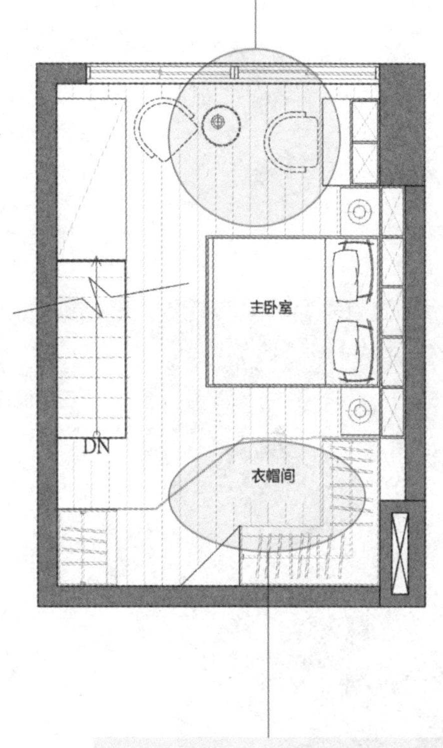

破解1 ▶公私楼层各自独立 由于室内高达5.2 m，即使做足夹层都不会产生压迫感，因此先将一楼规划为公共区域，二楼则设定为私密空间，让生活功能层次更分明。

破解3 ▶零碎空间化身收纳功能 为满足收纳需求，除了在主卧室利用茶色玻璃规划半透明更衣间外，还利用楼梯下、电视柜内与墙柜等零碎空间来设计大量收纳空间。

改造关键点

1. 电视柜采用黑色薄石片提升奢华感，并可遮掩后方的楼梯动线，同时在内部根据剩余空间规划橱柜，不浪费丝毫空间。
2. 客厅窗边的上楼动线被转化为卧榻，可为夫妻提供另一个聊天对谈的情趣空间，而下方更有大量的收纳功能。
3. 二楼具穿透感的茶色玻璃更衣间不仅增加了收纳功能，结合动线的斜向隔断墙让空间有放大感，同时具展示效果的开放层架也增加了精品设计感。

好功能清单

□除薄石材的电视墙内藏有柜体，沙发背景墙同样有收纳设计，兼顾了美学与功能。

□卫浴空间以石墙搭配内嵌置物台，提升小豪宅质感。

□主卧室内建透明更衣间，可收纳精品衣物，亦有放大空间的作用。

这是栋挑高夹层屋，原先虽然已有规划夹层，但是因功能不佳，重新规划时决定将原隔断全数拆除重建。而一楼除了有奢华卫浴间与简单厨房外，临窗的卧榻加上大面主墙的客厅规划简洁优雅，让这缩小版的微型格局颇有小豪宅的气势；至于二楼则有卧床区与半开放的更衣间，穿透视觉与精品色调塑造出摩登氛围，一改小套房给人的局促感，犹如置身酒店般轻松舒适。

▶黑石墙展现气度与质感

以极具质感的黑色薄石片铺设电视墙，隐藏后端楼梯，并利用石片的分割线条藏入橱柜，让美感与功能再升级。

在稍显狭窄的楼梯动线侧面，手刮木板墙的质朴感，以及连续的柔光夜灯的设计，舒缓了压迫感，为公私区域之间安排了柔和的时空转换区。

由于楼梯长度限制将更衣间以局部斜墙作为隔断，不仅让动线更顺畅，同时更衣间可以有更大的使用面积，再搭配半穿透茶玻璃色调与精品展示层板等，让更衣间有如精品店般的精致。

二楼为卧室与更衣间，以茶色玻璃隔断设计，让卧室与楼梯及更衣室间有区域界定，却无视野局限；另外，窗边因有梁阻挡，规划为书桌区，天花板则以波浪造型做包梁设计。

与一般小住宅的卫浴间不同，大片石材铺成的墙、地面，与细致工法的内嵌置物台体现了尊贵感，让屋主的生活品位再提升。

立面设计思考

思考 1. 细腻线条隐藏超强收纳力

沙发背景墙以门板线条勾勒出纯白的摩登视觉，恰与黑色电视石墙形成对比，同时也让小空间的收纳问题得到适度缓解，而墙面上壁龛式展示台搭配镜面设计，除让画面聚焦外，也能延伸视觉。

思考 2. 规划鞋衣柜满足出入问题

在入口处特别挪出空间为屋主规划鞋衣柜，体贴地满足出入收纳需求，并将原本难以利用的厨房区重新规划，适度加长工作平台与烹调设备，提供实用的料理功能。

考虑小空间多半仅单面采光，加上窗外又有 101 大楼城市景观，因此特别结合阶梯规划坐榻式平台，让屋主可在此休憩观景，同时不会遮掩采光面，而下方也充分利用作为收纳空间。

状况 10 ▼ 想要多更衣室、阅读空间或其他功能

平面图破解 手法 1

☑挑高

43 m² 也能办派对！中岛大餐厨聚会时更好用

室内面积：43 m²
原始格局：3.6 m 夹层空屋 | 完成格局：一室两厅、储藏室
居住成员：2 人

文／Fran Cheng 空间设计暨图片提供／慕泽设计

这是一对退休夫妻在市郊的度假小屋，主要作为爬山小住或假日携亲友前来小聚的住所，因此设计上着重于餐聚派对，而收纳设计则次之。为此，设计师先将一楼面向落地窗的位置留给中岛吧台餐厨区，借助阳光与开放空间来活跃度假氛围；此外，全室以暖色调木材质为主调，以释放更多的抒压因子。

改造前问题

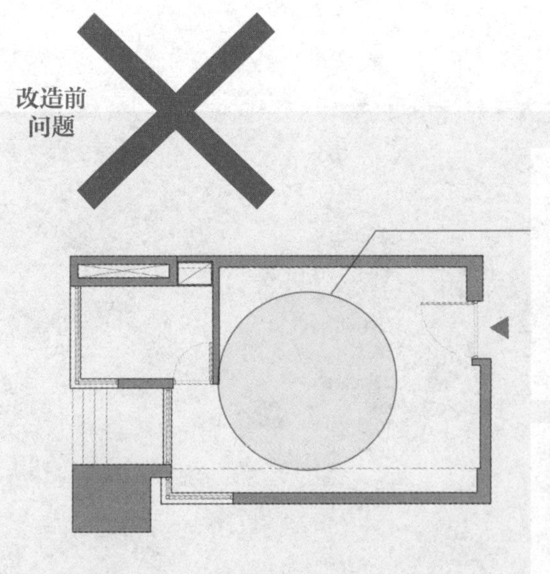

问题1 ▶屋主因不常住在这儿，加上亲友一起来时需要更多座位区，希望能有中岛厨房，但楼下仅25 m²的空间，如何调整客厅、餐厅的空间比例，满足屋主的需求成为设计重点。

问题2 ▶虽然有挑高格局，但是因为屋高仅约3.6 m，切割分成上下层后稍显不舒适，加上一楼平面也只有25 m²，加重了层屋内的压迫感。

改造后
破解

破解1 ▶公共区域以中岛吧台为主轴 根据屋主需求来规划各区比例，将一楼拥有落地角窗的最佳位置留给厨房，同时搭配中岛柜与餐桌来规划开放餐厅，而没有隔断界线的客厅则以木墙柜与局部镜面装饰设计融入餐厅，自然质感搭配采光更显温暖、舒畅。

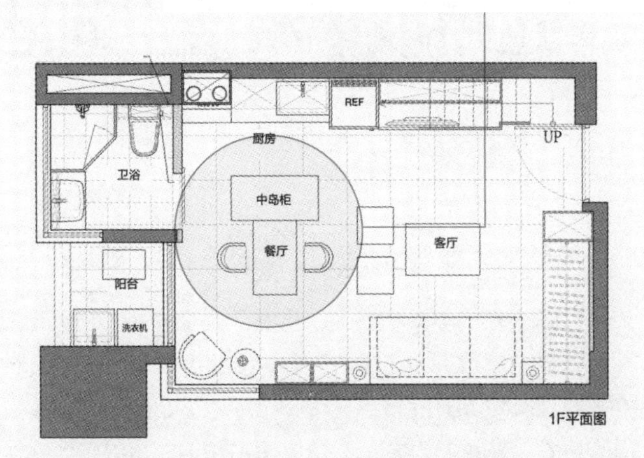

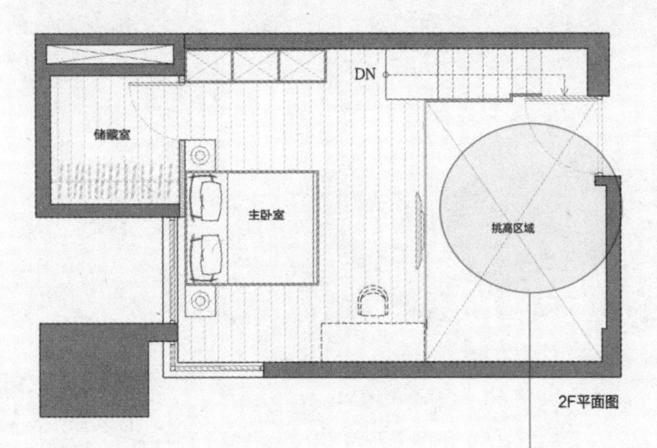

破解2 ▶楼板挑空化解客厅局促感 考虑屋高仅有3.6 m，且一楼公共区域被餐厨区占据大半个空间，在客厅空间不大、屋高也较低的情况下，决定减缩夹层楼板，保留了客厅的挑高，只以约2／3的夹层设计来满足对卧室的需求。

适度简化收纳设计，增加公共区域的开阔感

由于这是屋主半度假用的房子，收纳的物品相对较少，因此仅利用墙面内与楼梯下端做橱柜设计，并利用夹层畸零空间作为储藏间来放置行李箱等大物件，让收纳需求得到基本满足后，公共区域也更宽敞舒适。

平面图破解 手法 2

☑单层

有效利用高度规划收纳空间，运用玻璃维持空间感

室内面积：40 m^2
原始格局：无隔断｜完成格局：一室一厅
居住成员：单身

文／陈佳歆　空间设计暨图片提供／诺禾设计

偏长形的小面积住宅，虽然原始空间的局部天花板高达4 m，但其他部分高度只有2.8 m左右，楼地板也有大约80 cm左右的落差，使得整体空间无法连贯在同一个平面上，设计师以楼板落差为分界，将客厅、厨房及卧室、卫浴安排在左右，再以黑色铁件为架构搭配大面积玻璃延伸平面视觉；同时单身屋主有大量衣物收纳的需求，利用挑高区域设计收纳柜，并采用玻璃材质设计悬吊过道，因此能保有垂直空间感。

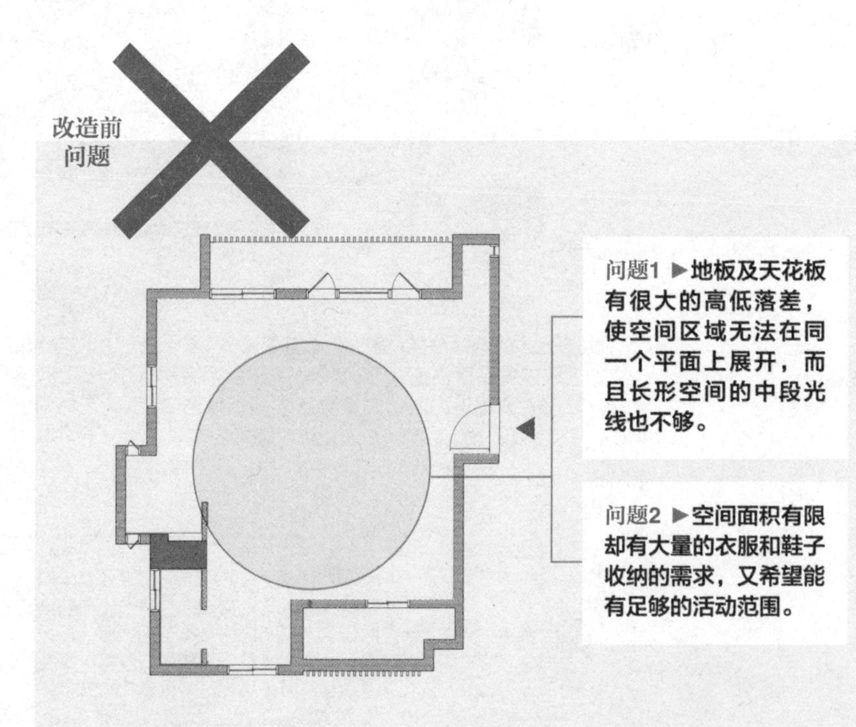

改造后破解

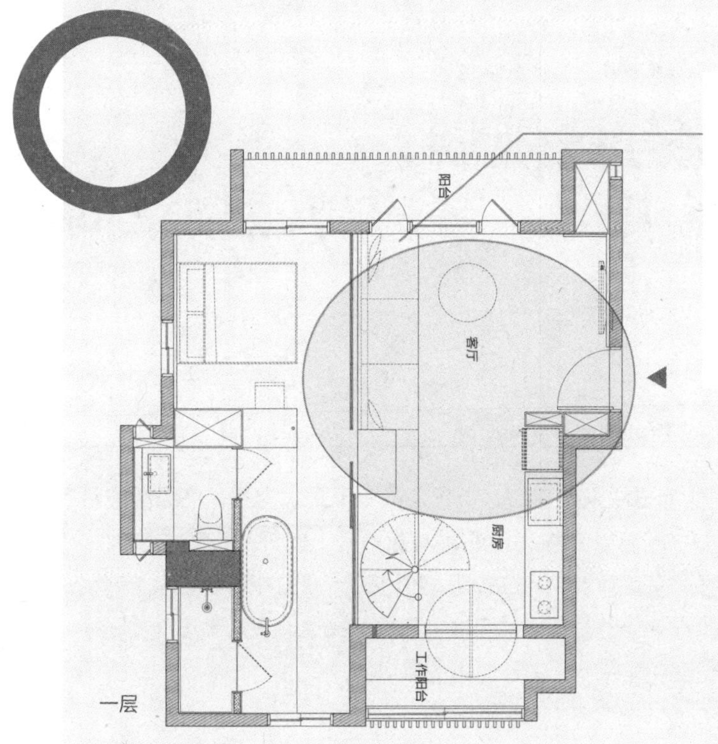

破解1 ▶**顺着空间轮廓设计格局，大量玻璃增加通透感** 空间被天花板及地板落差分成两个区块，除了顺着空间原始结构配置各区域外，同时采用玻璃作为公共区域及卧室之间的隔断，让空间在分割后因为视觉的穿透而不会显得过于狭长，同时提升中段空间的采光。

功 能
设计
关键点

旋转楼梯不占空间，同时柔化空间线条

收纳空间往上移之后，并以大量黑色铁件作为空间架构，再搭配透明玻璃使视觉连贯整体空间，角落所设计的螺旋状楼梯能减少使用面积，也让曲线柔化过于生硬的空间感。

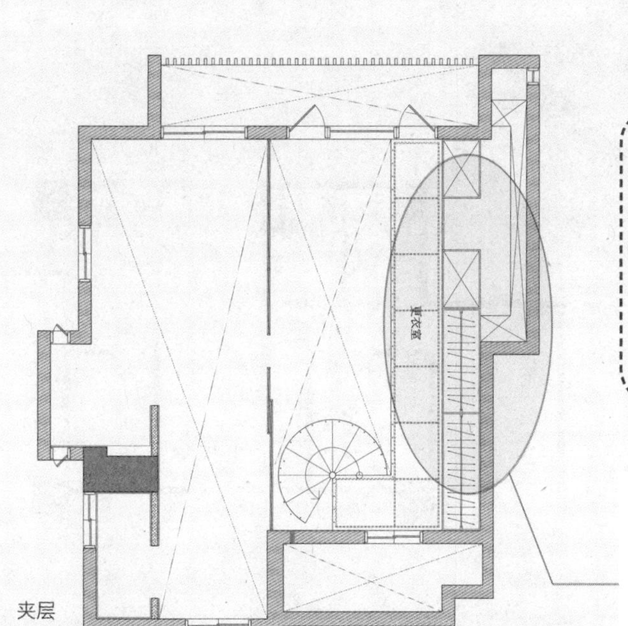

破解2 ▶**充分利用空间高度，巧妙规划收纳空间** 在尽可能保有平面活动范围的前提下，将收纳功能往垂直方向上延伸，利用挑高区域设计大量的柜子，满足屋主大量衣物及鞋子的收纳需求。

平面图破解 手法 3

√挑高

夹层分区规划，多了书房、客房与储物空间

室内面积：66 m²
原始格局：三室两厅｜完成格局：两室两厅、开放书房、客房
居住成员：夫妻＋1子

文／许嘉芬　空间设计暨图片提供／元典设计

66m²的住宅要住一家三口，听起来似乎不是太为难，然而屋主希望能再增加一间可以弹性利用的客房兼书房，此外儿童房也想规划书桌。幸好房子拥有3.6 m的高度，不过设计师也并未全然施作夹层，因为如此一来会更显压迫、拥挤，而是选择性地于儿童房以及客厅后方创造夹层功能，充分满足屋主的需求。

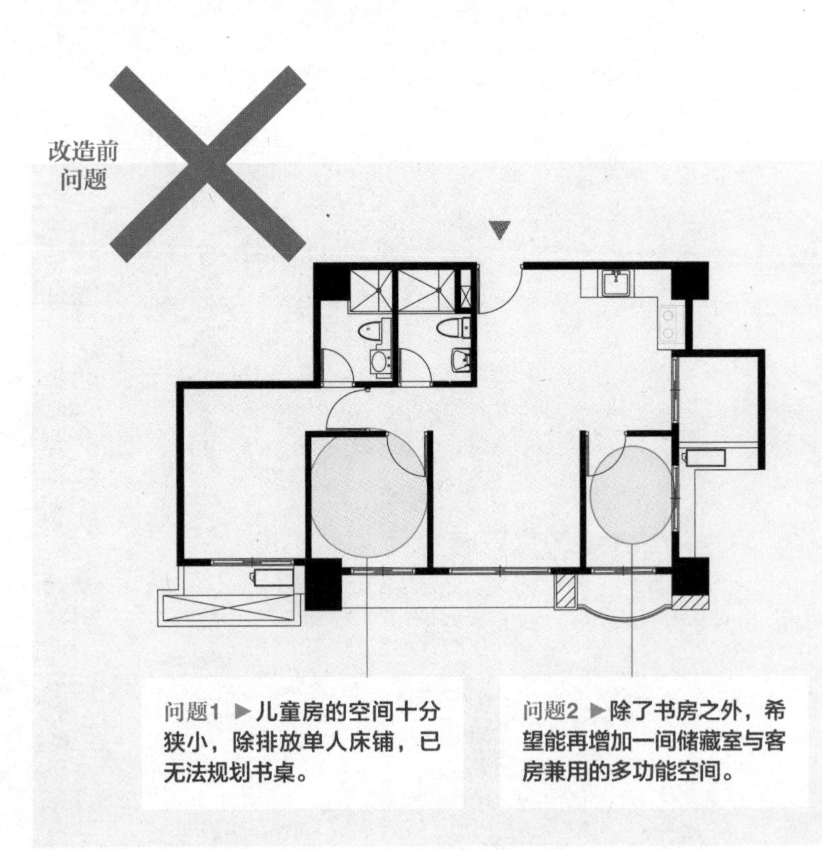

问题1 ▶儿童房的空间十分狭小，除排放单人床铺，已无法规划书桌。

问题2 ▶除了书房之外，希望能再增加一间储藏室与客房兼用的多功能空间。

破解1 ▶利用垂直高度创造下阅读、上休憩功能

灵活运用挑高3.6 m的高度，将儿童房划设出上、下两个空间，下方临窗面拥有光线充足的长桌，可在此阅读、做功课，原隔断被拆除，设置了衣柜，而上层则是单纯的睡寝区域。

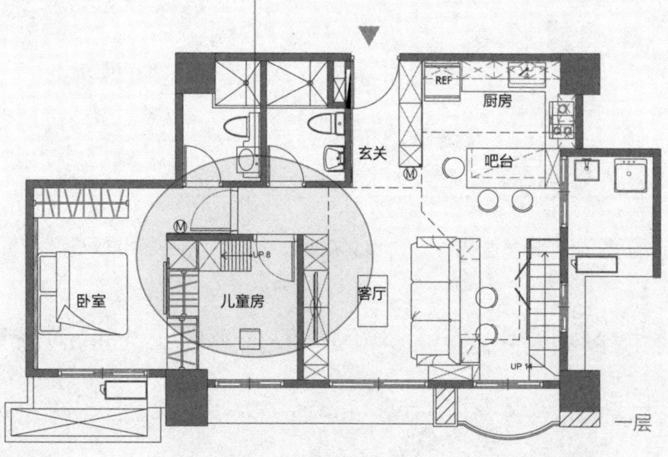

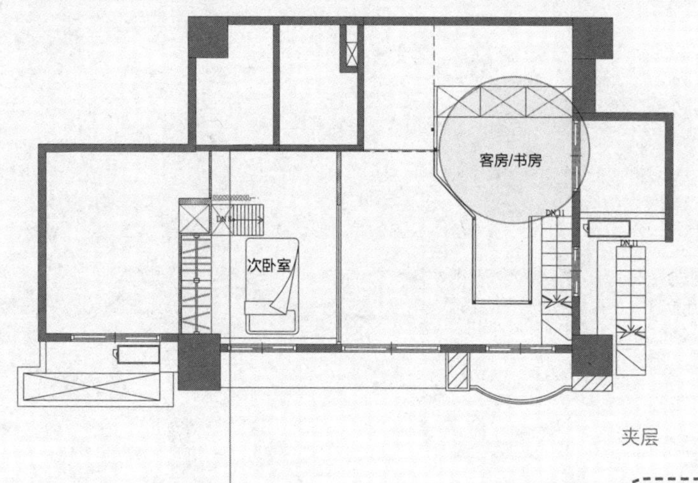

功能 设计关键点

双面柜体概念为主卧增加衣柜

原本主卧室仅有一面墙适合规划衣柜，设计师将主卧与儿童房的隔断拆除后，巧妙运用双面柜体的概念，一边作为儿童房衣柜，另一侧则成为主卧的第二个衣柜。

破解1 ▶挑高处、楼梯下打造双倍收纳空间与客房　将公共厅区的另一侧挑高处规划为开放客房兼储物区，夹层处特别以斜切楼板设计化解压迫感并创造流畅的律动感，楼梯下方同样安排储藏室。

平面图破解 手法 4

☑挑高□单层

更衣间与浴室上下同时延伸，完美分享功能

室内面积：50 m²
原始格局：一室一厅一卫｜完成格局：一室一厅一卫、更衣间、储藏室
居住成员：单身屋主

文／黄婉贞　空间设计暨图片提供／存果空间设计

原始格局过于强调每个功能都需独设一处，导致厨房、餐厅与卫浴特别狭小，加上女主人众多的衣物无处可放，希望通过格局调整，寻找最佳的比例分配。首先打破厨房隔屏，放大卫浴空间，同时挪移餐厅使之与厨房相邻，完美分享功能、空间；然后夹层区随着卫浴的延伸同时扩增出更衣储藏间，不仅公共区域安排更加合理，架高区也拥有书桌、寝区、更衣间，令主卧功能更加完备。

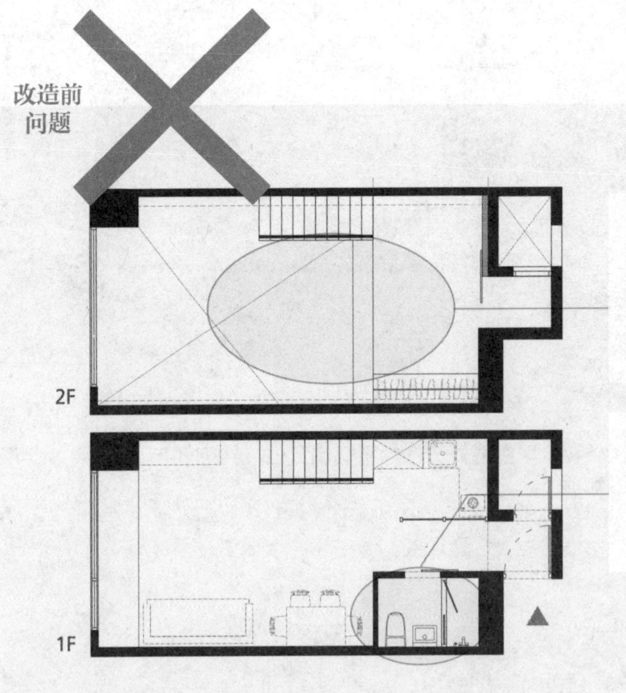

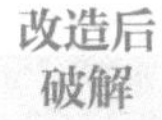

破解1 ▶**扩增夹层，增加储藏更衣间** 楼下卫浴加大位移，同步扩增夹层面积，规划可供收纳衣物与大型家具的储藏空间。

破解1 ▶**明亮大卫浴成为住宅的重要场所** 将原本只有100 cm长的狭小卫浴直接拉长两倍，变身为重要的生活场所，并增设采光点，在客厅侧开窗，分享厅区光源，保持卫浴明亮。

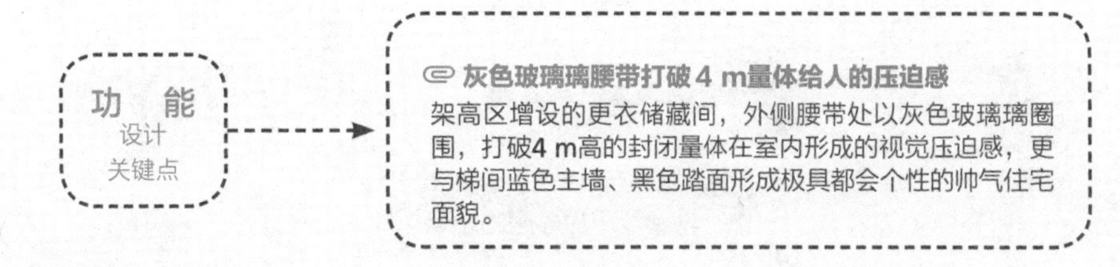

功能 设计关键点

灰色玻璃璃腰带打破4 m量体给人的压迫感

架高区增设的更衣储藏间，外侧腰带处以灰色玻璃璃圈围，打破4 m高的封闭量体在室内形成的视觉压迫感，更与梯间蓝色主墙、黑色踏面形成极具都会个性的帅气住宅面貌。

平面图破解 手法 5

☑挑高

复合、隐藏手法，功能变多却更宽敞

室内面积：30m²
原始格局：一室两厅｜完成格局：两室两厅、书房、泡脚池
居住成员：夫妻＋1女

文／许嘉芬 空间设计暨图片提供／馥阁设计

认识到生活总是耗费大部分的时间在整理、打扫房间，夫妻俩决定回归简单的生活，于是一家三口从165 m²的房子搬到30 m²大的空间，最大的挑战就是如何在这么小的房子拥有正常的两室两厅功能，同时还要能练写书法、起居打禅。于是设计师充分利用复合与隐藏的手法，例如壁柜内藏书桌、定制卧榻兼具客餐厅功能，以及缩小浴室尺度拉长厅区创造起居空间，再加上特殊研发的五金设备，打造电动楼梯、升降衣柜，多元丰富的功能规划，使得小空间也住得很舒服。

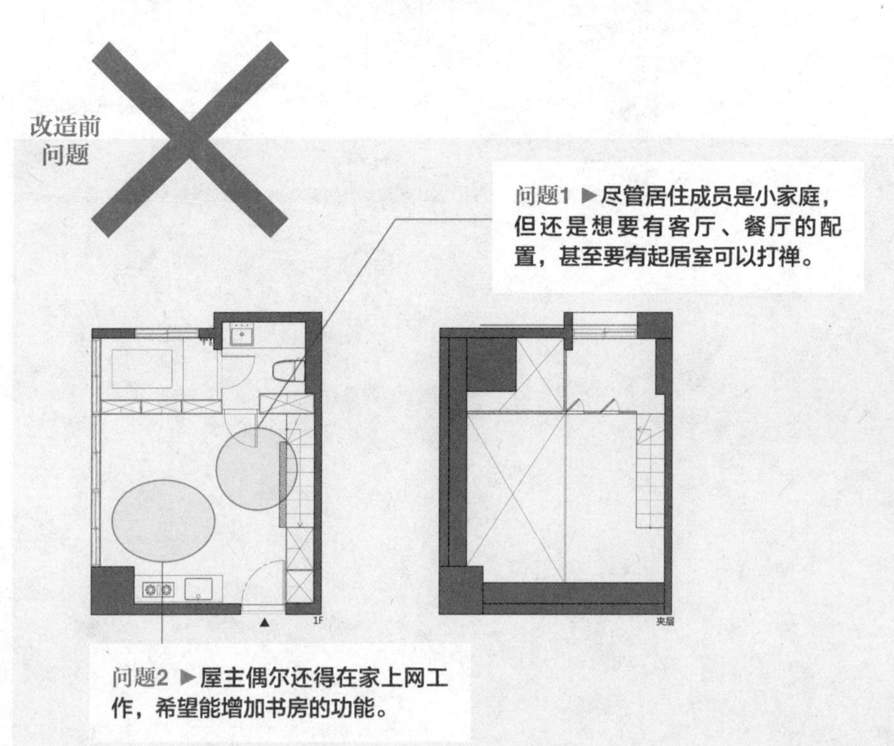

改造后
破解

破解1 ▶复合手法创造客厅、餐厅与起居室 将比例过大的浴室尺度缩减，让公共厅区呈现长形的开放格局，依序规划出客餐厅、起居室，并利用定制的可坐可躺的沙发与大餐桌满足用餐、看电视、练字等需求。

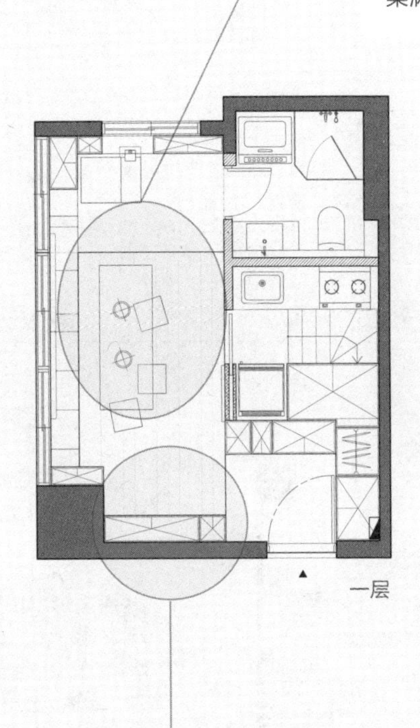

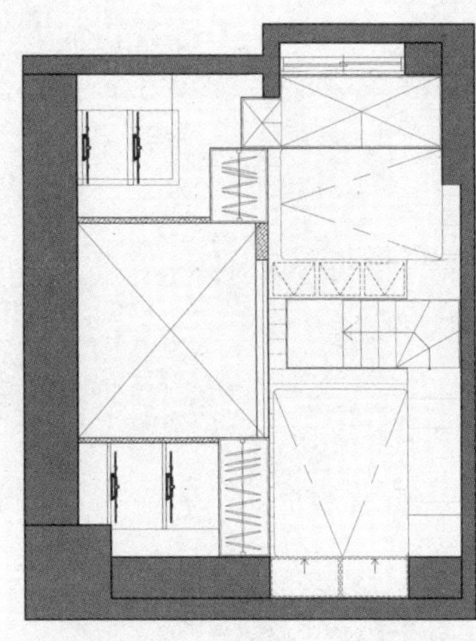

破解2 ▶隐藏壁柜之中的书房 为了让功能与美观兼具，特别将书桌与收纳层架隐藏在客厅旁的壁柜内，需要时才开启使用，维持空间的干净整洁。

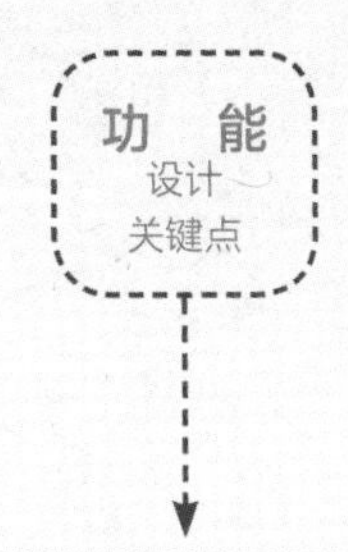

电动楼梯藏在电器柜内

小住宅更要锱铢必较，制式的楼梯实在太占空间，设计师巧妙地将楼梯藏在厨房中，平时可收在电器柜内，但又完全不影响电器柜、层板的使用，最特别的是采用电动设计，楼梯能自由开启与收回。

实例解析 1

☑挑高

U 形动线串联，微型住宅堆叠超大空间效果

儿子回国落叶归根，生活功能缺一不可

室内面积：43 m^2
原始格局：两室两厅
规划后格局：客厅、餐厨区、寝区、休息区、更衣室、书房
居住成员：单人
使用建材：玻璃、铁件、仿石漆水泥板、奶茶色钢琴烤漆、木皮、贴膜玻璃、实木百叶、超耐磨地板

文／黄婉贞　空间设计暨图片提供／新澄设计

改造前问题

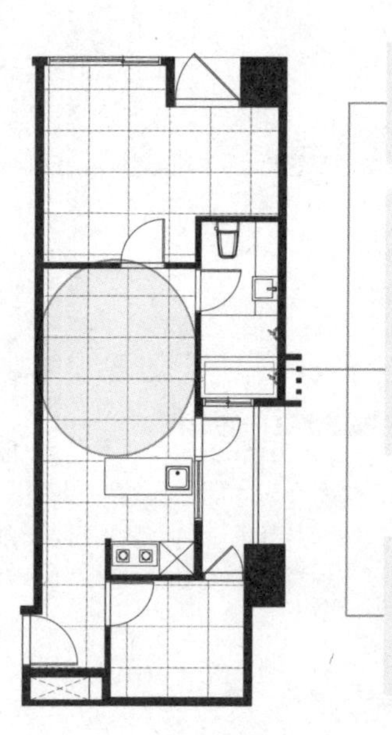

问题1 ▶住宅偏长形，中段公共区域稍显阴暗。

问题2 ▶除了一般客厅、餐厅、厨房、主卧、卫浴等基本需求外，妈妈还希望住宅具备书房、更衣间、休息区等功能。

问题3 ▶受限于原始格局，客厅沙发区最长只能有1.5 m。

功能+家庭成员思考

可随屋主需求变化的高功能微型宅

孩子将要回台定居，对妈妈而言完整且无后顾之忧的住宅规划必不可少，甚至要考虑到未来10年屋主可能面临的结婚生子需求。因此不但要满足书房、卧榻等现阶段的功能需求，还需预留弹性空间，以便陪伴男主人共同成长。

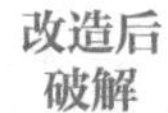

破解3 ▶**墙面对调拉长座位区**　把沙发与电视墙对调，没有阳台门与卫浴门的限制，座位区马上拉长为3 m。

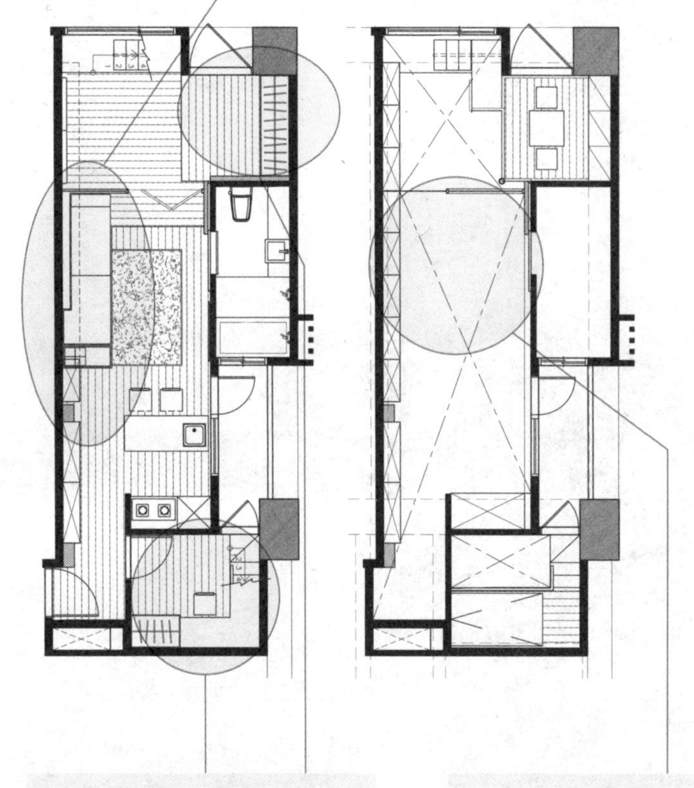

破解2 ▶**私人区域分属两翼，互不干扰**　将书房、更衣间的功能区块安排在住宅两翼。

破解1 ▶**贴膜玻璃采光**　拆除与主卧相邻的实墙，改为贴膜玻璃隔断，有效导光入室。

改造关键点

1. 住宅高度只有3.4 m不适合做大面积夹层，只选择住宅两翼立面进行规划。
2. 沙发转向延伸后，巧妙利用靠背厚度做不妨碍坐卧的长形收纳壁柜。
3. 主卧寝区设置于动线末端，以折门方式与厅区灵活区隔，减少干扰。

▶沙发转向顿时拉长两倍

住宅中段为客厅、餐厨区，将原本备受局限的沙发区转向、延伸，成为可舒适坐卧的空间。

由于儿子即将回台，但老宅已经不敷使用，妈妈便购入这个43 m²的新房作为孩子的落脚处。功能规划上需涵盖单身至成家的多种可能性，以复合夹层为设计主轴。但受限于住宅高度仅3.4 m、无法大面积设置夹层，所以设计师只选择光线充足的住宅两翼进行立面扩充，入口一侧规划书房，上方卧铺可当小客房使用；另一头规划立体主卧区，下面为更衣间、上方为寝区，临窗处则属于屋主的私人起居间。此外把厅区实墙拆除、沙发转向，解决中段阴暗与座位局促等问题，令住宅变身为功能齐全的舒适美宅。

好功能清单

□在住宅两翼进行立面规划，增加更衣室、书房、休闲区，功能、使用效果大幅提升。

□厅区沙发、电视墙对调，将原本1.5 m座位区拉长为3 m超舒适的坐卧区。

□将原本客厅、寝区的实墙改为贴膜玻璃隔断，令住宅中段更加明亮。

▶贴膜玻璃墙照亮厅区

拆除原本客厅、寝区的实墙，改为透光贴膜玻璃，让稍显阴暗的住宅中段也能享受丰足的自然光。设计师更巧妙地运用沙发靠背厚度规划壁柜，增加收纳空间之余还不会产生压迫感。

▶超明亮的大理石临窗平台

主卧临窗区是住宅自然光最充足的地方，无论是木质地板或是大理石平台皆能舒适坐卧，是屋主专属的起居空间。

▶用线条与材质表达建筑设计思维

仿石漆水泥电视墙面搭配一侧的实木百叶，呼应架高区域与外露管线，用材质与线条模拟建筑结构印象的低调设计感。

▶书房、客房立面二合一

位于入口旁的书房空间，下方为书桌，柜体结合阶梯拾级而上，上方则为卧榻，此处亦可当作客房使用。

立面设计思考

思考 1. 考量住宅宽度，选折门作为主卧隔断　贴膜玻璃墙结合玻璃、铁件折门，是主卧与厅区活动区隔的重要工具，再搭配卷帘让寝区获得完整的隐私保障。之所以选择折门而非拉门，是考量住宅单侧宽度有限，折门收整面积较小，适合该住宅使用。

思考 2. 建筑原始材质作为室内设计主轴
电视墙侧选用仿石漆水泥墙，搭配一侧沉稳、温润的实木百叶，结合随处可见的天花外露管线，呼应架高处的H型钢、踏阶，令住宅呈现出低调的建筑结构感。

▶立体高度规划主卧空间

立体主卧区下方为 1.9 m 上方为 1.3 m 寝区；为了能在穿衣区舒适站直，特意贴心地在更衣区调降地板高度。

实例解析 2

☑单层

破除隔断，打通厨房和书房，形塑用餐、办公、卧寝兼具的复合空间

全家都想要的独立工作区

室内面积：60 m²
原始格局：三室两厅
规划后格局：两室两厅
居住成员：3 人
使用建材：进口花砖、木纹砖、铁件、玻璃、木地板、木皮

文 / 蔡竺玲　空间设计暨图片提供 / Z 轴空间设计

改造前问题

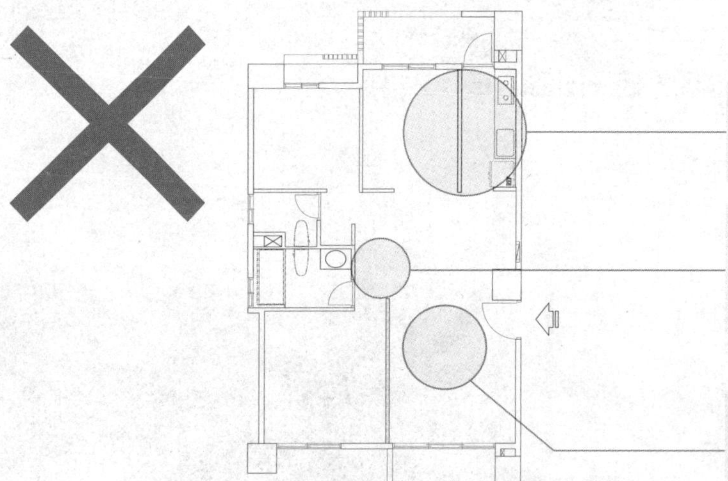

问题1 ▶厨房狭窄，无多余收纳空间。

问题2 ▶主卧入口墙面长度不够，干扰卫浴间的进出。

问题3 ▶须配置足够的工作区域供家人使用。

功能+家庭成员思考

多功能房满足全家在家办公的需求

居住成员为一对夫妻和母亲，由于三人都有在家工作的需求，需要划分出不同的工作领域，再加上会有亲友前来做客，因此需适度调配空间，设计一间客房兼书房的多功能区域。而家中还有一只猫咪陪伴，将猫砂盆适时隐匿于柜体中，让空间保持净空之余，也兼顾猫咪的需求。

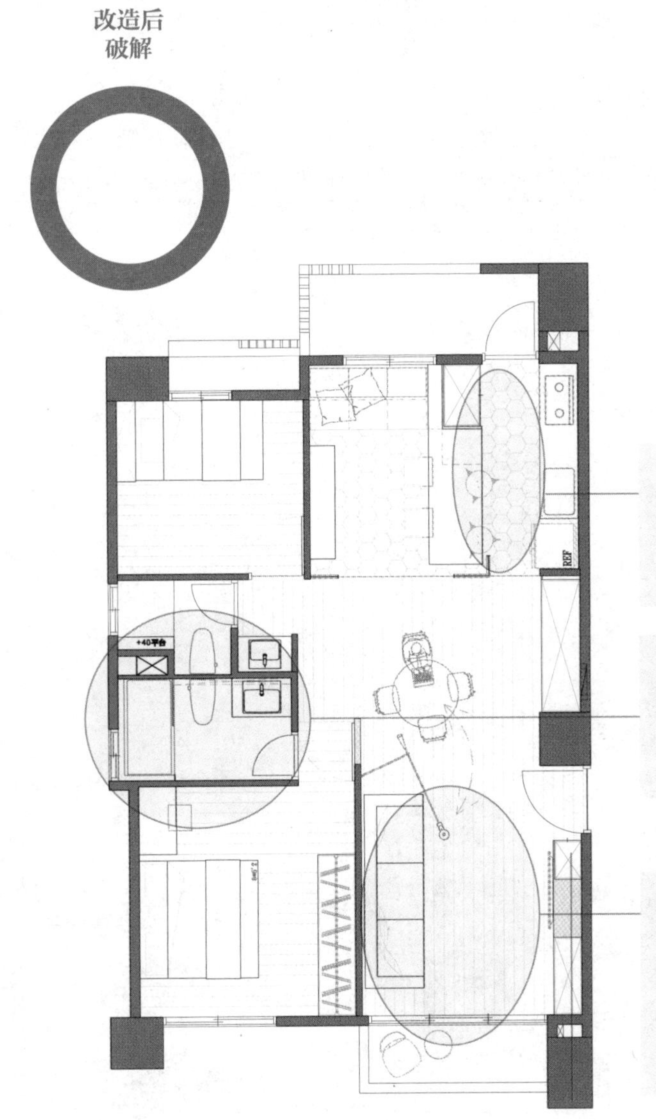

破解1 ▶拆墙留出收纳空间　拆除厨房隔断，延伸空间深度，瞬间放大厨房区域。靠阳台侧增设电器柜，扩充收纳空间。

破解2 ▶主卧延伸墙面，纳入卫浴　拉长主卧墙面，将卫浴完全包覆于主卧空间内，化解入门见卫浴的不适感。

破解3 ▶划分两处工作区，分别独立使用　除了多功能房外，客厅一侧也留出工作领域，采用活动家具灵活使用，以满足家中三人同时工作的需求。

改造关键点

1. 厨房与多功能房运用相同的地砖铺陈，塑造一体视感，有效延伸视觉，使空间不显狭小。
2. 公共区域通透无隔断的设计，利用家具隐性划分，模糊空间界线，让客厅、餐厅、厨房和多功能房交叠出多元功能的使用概念。

好功能清单

□打通书房隔断与厨房相连，中央长桌兼具餐桌和工作区的双重功能。

□客厅采用活动式悬臂壁灯，可随意转向的设计，让客厅和工作区都能获得明亮的光线。

□书房卧榻刻意加宽，不仅可作为客房床铺使用，下方同时设计掀柜和抽屉，扩增收纳量。

在半毛坯的房屋状况下，设计师依照一家三口和一只猫咪的需求，将三室改为两室，打通厨房区域，将一室作为客房和办公兼具的多功能空间。厨房电器柜结合长桌的设计将两区一分为二，赋予其多元功能。多功能房增设卧榻，不仅可作为床铺，下方更设计收纳空间，而后方的悬浮柜体则配置事务机，达到极致利用面积的目的。客厅、餐厅运用及顶柜体化解突兀梁体和畸零空间，也有效拉齐了墙面线条，空间更显利落。

打通厨房与多功能房，两区之间设置长桌，可作为餐桌和工作桌使用。转角处运用铁件和玻璃隐性区隔，通透的设计让视线得以穿透，又能界定空间。刚硬的金属为空间刻画利落的线条，增添迷人的韵味。

▶通透设计交叠功能

▶不同材质界定空间区域

客厅、餐厅、多功能房和厨房的无隔断设计，无形地扩大了公共区域范畴。木地板顺光配置，有效延伸空间宽度；厨房和多功能房则利用黑、白、灰三色花砖拼贴地板，与客厅隐性区隔。

公共区域的木地板延伸至主卧，使风格达成一致，主卧仅利用涂料修饰墙面，如春天般的粉嫩红为空间注入暖意。地板架高划分出独立床铺区，起到界定空间的作用。

沿墙设置卧榻，比单人床还宽的宽度，不论坐卧、就寝都十分舒适。卧榻内部划分掀柜和抽屉两种收纳开式，充分利用下方空间。悬浮柜体则作为办公用的收纳区域，柜面则能置放办公机器，方便家人使用。

立面设计思考

思考 1. 柜体沿梁拉齐，平顺空间线条

客厅、餐厅柜体顺着梁下的畸零空间设置，扩增收纳空间的同时，化解难以运用的窘境，也平顺了空间线条。柜面适时以开放设计交错运用，产生律动视觉，更显活泼。

思考 2. 一空间一色彩，凝聚视觉焦点

客厅、卧室墙面分别运用不同的色彩为空间注入或稳重、或清新的氛围，同时与家具和谐的配色让风格形成一致，也成为空间中引人注目的焦点。

实例解析 3

☑单层

打开实墙隔断，跟随脚步的过道收纳法

夫妻甜蜜新居，弹性使用的成长小天地

室内面积：**40 m²**
原始格局：**两室两厅一卫**
规划后格局：**一室两厅一卫、多功能房**
居住成员：**夫妻**
使用建材：**灰镜、柚木实木皮、大理石、铁件、烤漆、超耐磨地板**

文／黄婉贞　空间设计暨图片提供／隐巷设计

改造前问题

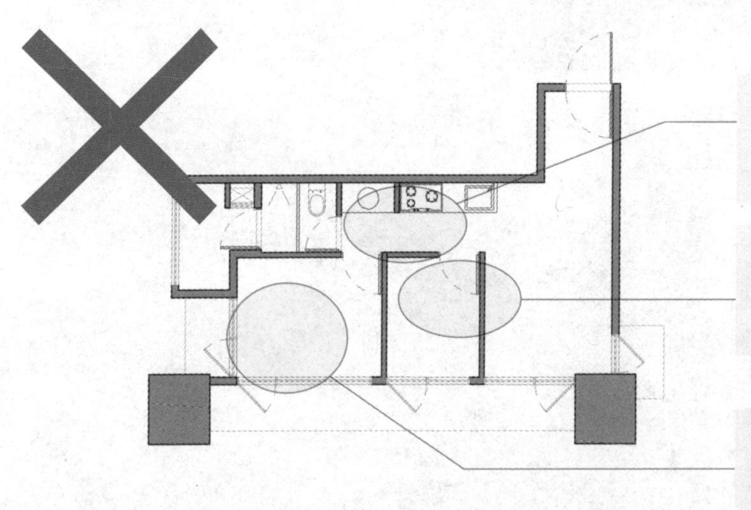

问题1 ▶**住宅中央廊道无对外窗，显得阴暗有压迫感。**

问题2 ▶**两室的实墙隔断让每个功能区都显得狭小、零碎。**

问题3 ▶**房间面积有限，无法增设柜体，收纳功能严重不足。**

功能+家庭成员思考

拆除隔断反而多了功能，更好收纳

原始格局虽有两室，但客房空间不但狭小，更阻碍了住宅中央的宝贵自然光线与整体空间感。既然是为夫妻所规划的小住宅，最重要的是满足当下的实用功能、收纳，因此拆除小客房是改造的重点所在；此外，由于受限于预算，无法做太大变更，下一步便是尽可能地在过道增设收纳柜体与层架。

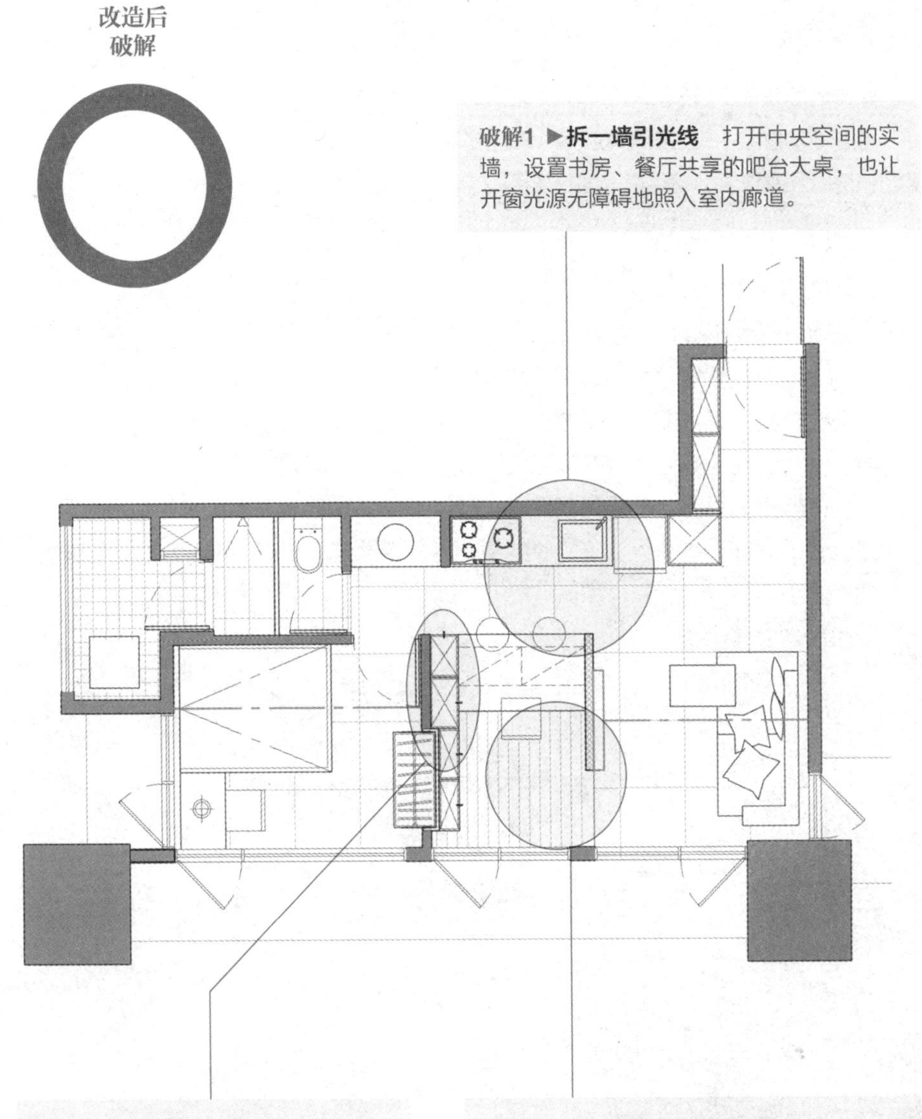

破解1 ▶拆一墙引光线 打开中央空间的实墙，设置书房、餐厅共享的吧台大桌，也让开窗光源无障碍地照入室内廊道。

破解2 ▶收纳集中，释放空间感 把杂物层架、柜体集中于廊道与吧台下方，最大化地扩充收纳空间。

破解3 ▶多功能区是客厅也是书房 将客房改为开放式多功能区，与餐厨区、客厅、玄关共享空间与光源，公共区域显得宽敞开阔。

改造关键点

1. 拆除住宅中央客房的实墙，释放的空间与相邻公共场所共享，结合成完整、方正的大气厅区。
2. 拆除对外窗的实墙隔断，展现住宅原有的大开窗优势，使全室更加明亮。
3. 收纳柜体集中于过道两侧，展示、拿取更加便利；厨具中段采用镜面金属板，放大过道空间。

好功能清单

□收纳区域集中于玄关转角与餐桌下方，无论使用电器还是拿取杂物都相当方便。

□打开原本住宅中央的小房间实墙，转为多功能空间。

□盥洗时独立洗手台可供两人同时使用。

屋主夫妻一开始购入的便是成品房，当初这里就是依照两人的小家庭为主轴进行的规划，同时也预留了成员增加的弹性空间。设计师拆除原本位于中央的独立客房，与周围餐厨区、客厅结合成方正的公共区域，共享大面开窗所带来的自然光源与空间感，住宅顿时显得开阔且无压迫感；此外拆除的房间也没有闲着，从密闭小房间升级为书房、客房两用区域，与过道相邻的吧台大桌更成为使用频繁的用餐区、阅读区。最令人头痛的收纳柜体则妥善地规划于走道两侧，打造好收好拿的功能小宅。

拆除位于住宅中央、与客厅相邻的独立小房，令开放厅区显得格外方正、开阔，更凸显出住宅大面开窗的先天优势。

▶拆小房释放大开窗优势

▶吧台大桌面隐藏丰富的收纳空间

餐厨区与多功能室间的长形吧台，是屋主两人用餐、阅读的主要空间，大桌面用起来舒适自在，下方更可收纳电器杂物，是住宅使用频率很高的精华地带。

▶小巧、完整的寝区功能

主卧面积不大仍设置完整的寝区、化妆台与衣橱，由于空间有限不设门板，省去开合所需的回旋空间。

立面设计思考

思考 1. 蒂芬妮蓝营造亮眼甜蜜的视觉效果

选用女性所喜欢的蒂芬妮蓝作为住宅空间的主墙设色，营造甜蜜幸福的住宅氛围，周围场所搭配灰色、白色等清浅调性，为整体空间点出视觉重心，转移焦点，营造活泼、舒适、自在生活氛围。

思考 2. 橱柜中段装设镜面金属板，拉大视觉效果

为了增加住宅的收纳空间，尽可能地在廊道动线增加柜体与层架，因此避免不了压缩廊道空间，除了在装修后打开实墙、增加明亮度而大幅降低逼仄感外，设计师亦在橱柜中段装设镜面金属板，借助镜面反射拉大视觉效果。

状况 11 ▼ 错层高度难以规划

平面图破解 手法

☑挑高

33 m^2 的小宅不做夹层也有超强的收纳功能

室内面积：33 m^2
原始格局：一室两厅｜完成格局：一室两厅、储藏室
居住成员：夫妻

文／许嘉芬　空间设计暨图片提供／馥阁设计

新婚夫妻买下这间33 m^2的新房，跟一般住宅比较不同的是，这间房子存在着高低落差，一侧挑高3.6 m、一侧则挑高4.2 m，同时也因为隔断过于琐碎，造成空间十分狭隘。不过从一开始，设计者即否决夹层屋的做法，而是借助空间的开放，以及采光面规划的架高平台串联公私区域，让光线、动线恣意流通循环，营造宽广的视觉感受。此外，让架高平台隐藏升降式餐桌，浴室上方规划储藏室，空间小也能有完整的客餐厅与厨房，住上一家三口也没问题。

改造前问题

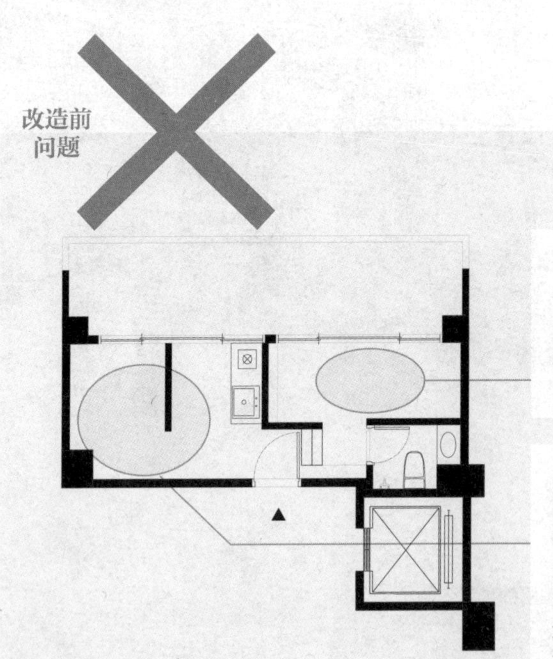

问题1 ▶入口右侧虽有4.2 m高，然而卧室为长向结构，功能难以配置，就算做了夹层也不见得好用。

问题2 ▶仅仅33 m^2大的超小宅，左右楼高略有落差，入口左侧挑高为3.6 m，客厅、餐厨区以实墙区隔，空间更为窘迫，基本的收纳空间也无法满足。

改造后破解

破解1 ▶隐身电视墙后的完善电器柜 对原始比例过大的阳台稍做内缩处理，并重新分配格局，拆除实墙，一进门变成开阔的客厅，往右的挑高4.2 m规划出功能丰富的厨房，电视墙背后甚至拥有两个完善的电器柜、餐柜，电器柜内还可拉出小桌面，方便摆放做好的食物。

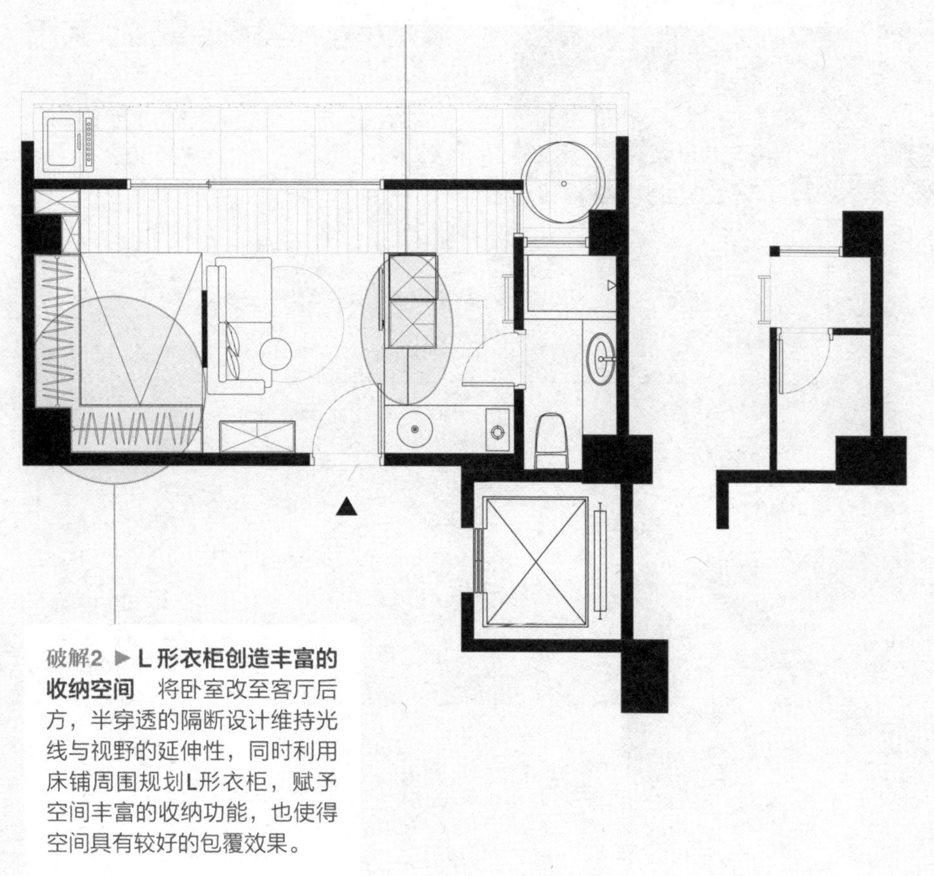

破解2 ▶L形衣柜创造丰富的收纳空间 将卧室改至客厅后方，半穿透的隔断设计维持光线与视野的延伸性，同时利用床铺周围规划L形衣柜，赋予空间丰富的收纳功能，也使得空间具有较好的包覆效果。

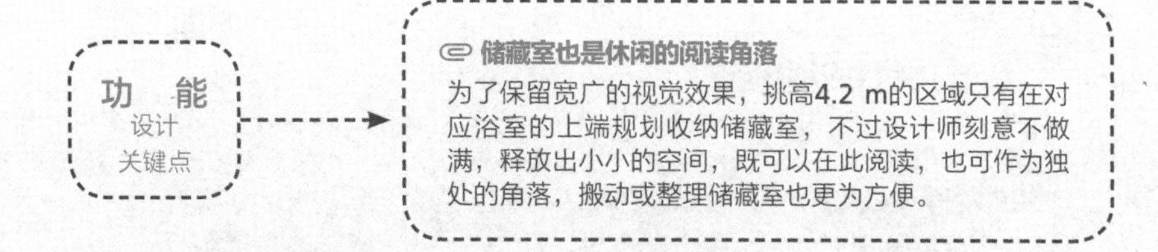

功 能
设计
关键点

储藏室也是休闲的阅读角落
为了保留宽广的视觉效果，挑高4.2 m的区域只有在对应浴室的上端规划收纳储藏室，不过设计师刻意不做满，释放出小小的空间，既可以在此阅读，也可作为独处的角落，搬动或整理储藏室也更为方便。

实例解析

✓挑高

畸零角落、落差高度衍生丰富的收纳空间

满足小家庭需要的宽敞、实用

室内面积：66 m²
原始格局：厨房、浴室
规划后格局：两室两厅
居住成员：夫妻
使用建材：实木百叶、木皮、大理石、烤漆玻璃、黑板漆、木作

文／许嘉芬 空间设计暨图片提供／元典设计

改造前问题

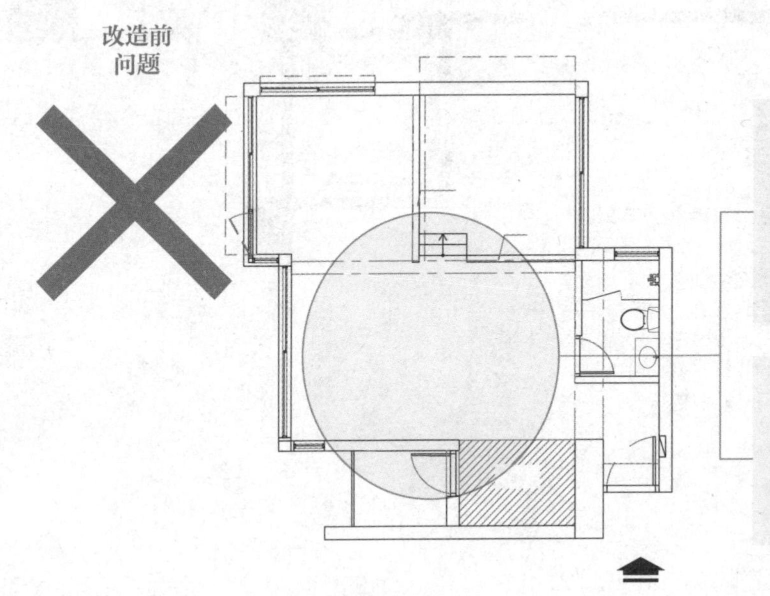

问题1 ▶原本没有隔断的新房，面对厨房的地方有一个往下走的错层结构，如何安排格局与功能显得很重要。

问题2 ▶目前是两人使用，但也希望收纳、功能可以完整充裕，让空间可以保持清爽、整齐。

功能+家庭成员思考

从两人到一家四口都好用的功能规划

66 m²的房子目前是两人居住，但未来有换屋计划，因此希望空间的使用成员可以扩大至一家三口，甚至是一家四口，如此一来，除了基本的收纳与功能，还得有更多生活上的考量，并且要让这些规划隐形于空间当中，避免造成小空间的压迫感。

改造后
破解

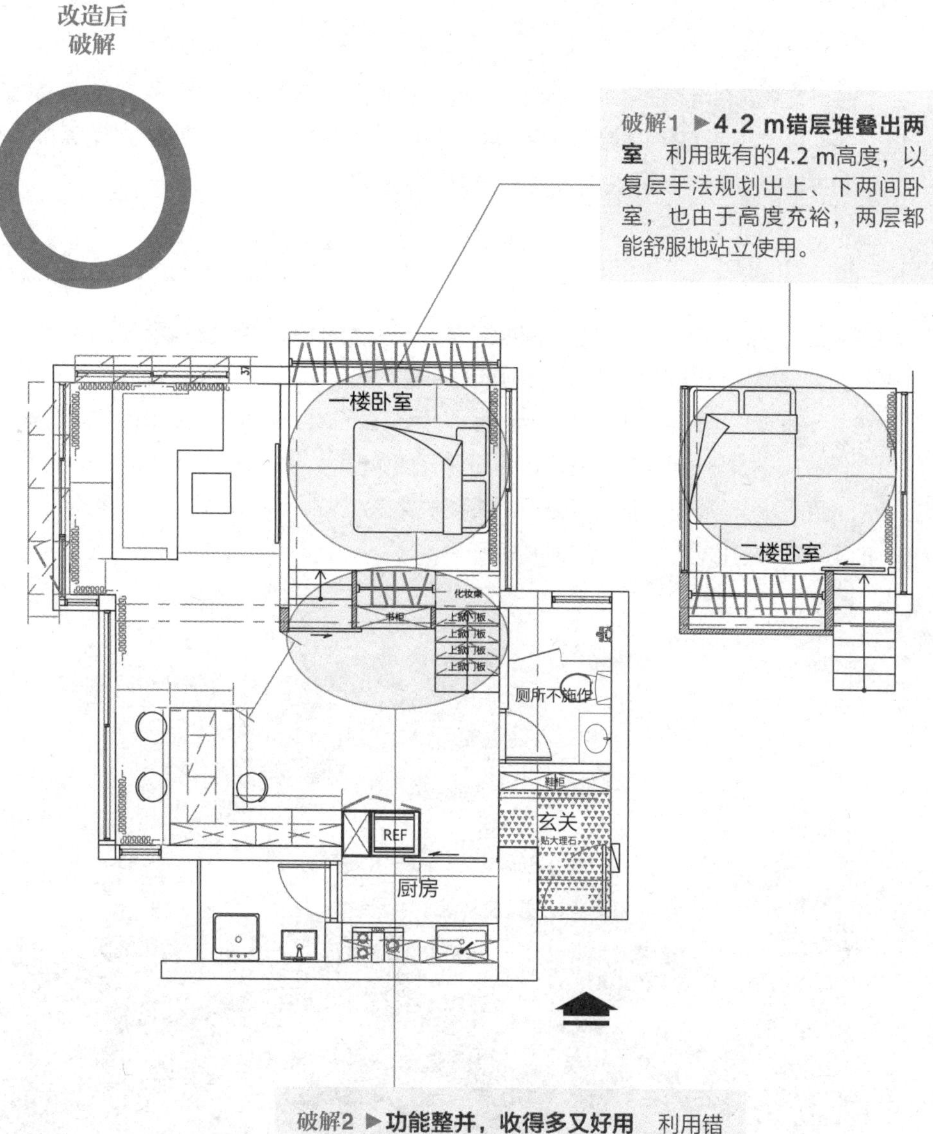

破解1 ▶**4.2 m错层堆叠出两室** 利用既有的4.2 m高度，以复层手法规划出上、下两间卧室，也由于高度充裕，两层都能舒服地站立使用。

破解2 ▶**功能整并，收得多又好用** 利用错层衍生的落差区块创造出衣柜与梳妆台整合的设计，柜体的另一侧甚至包含书柜，而楼梯踏面底下也都是储藏空间。

改造关键点

1. 平面空间有限，就善用垂直高度的优势，为小面积住宅创造出两室两厅的格局。
2. 随着格局顺应而生的功能，让动线流畅宽敞舒适，丝毫感受不出只有66m²的大小。

好功能清单

□主卧室隔断利用双面柜体规划而成，增加收纳空间，且横推拉门是房门，也是书柜门板。

□每个楼梯踏面打开都是储物空间，更利用建筑本身面窗区域的内凹结构规划整排储物柜。

□拉齐餐柜的水平轴线，顺势发展出冰箱、置物柜体。

这间66 m²的住宅，拥有独特的错层结构，当空间面临错层的落差高度，格局要如何配置才能保有流畅动线、明亮采光以及丰富的收纳功能，对设计师来说是一大考验。所幸错层区域的挑高有4.2 m，于是设计师将此处规划为上、下各一间卧室。大门右侧则是开放的L形公共厅区，不仅开阔、舒适，公共厅区也可以享受到完整的大面采光。同时利用高度落差创造复合式收纳功能，电器柜体与橱柜也运用一致的实木皮做包覆修饰，淡化柜体的存在感。

房子轴心区域、拥有挑高 4.2 m 的垂直高度，经过妥善的比例调配，创造出上、下两间卧室，而卧室的隔断同时也兼具电视墙与书柜功能。

►错层结构创造复层两室功能

▶壁柜、中岛餐桌隐藏丰富的收纳空间

餐柜往左延伸的高柜部分更隐藏了冰箱，同时利用屋高优势增加靠近天花部分的白色柜体。不仅如此，中岛式的餐桌内同样一点也不浪费，全为收纳柜体，兼作书房也十分好用。

▶畸零落差高度变出衣柜与梳妆台

利用一楼错层部分产生的畸零角落发展出衣柜与梳妆台，动线更为流畅、宽敞。

▶隔断厚度分一半给书柜用

一楼卧室的隔断以柜体方式构成，面对廊道的这面为书柜，背后则是卧室梳妆台，无形中为小空间增加了收纳功能。而卧室门板以黑板漆刷饰，可作为涂鸦、留言墙使用，往右一推又能适时作为书柜的门板。

立面设计思考

思考 1. 层叠木皮丰富立面表情

卧室隔断以及电视墙选用一致的木皮材质烘托温暖氛围，特别是在拼贴上采取交错层叠的手法，使空间富于变化却又不显繁复。

思考 2. 实木百叶产生光影变化

小住宅拥有一大面完整的采光面，相较一般的窗帘设计，此处以实木百叶为窗户配置，通过日照程度可随性调节光线强弱，也带来美丽的光影效果。

图书在版编目（CIP）数据

小户型改造攻略 ：打造小而美的家 / 漂亮家居编辑部编. -- 南京 ：江苏凤凰科学技术出版社，2017.7

ISBN 978-7-5537-8486-1

Ⅰ. ①小… Ⅱ. ①漂… ①仲… Ⅲ. ①住宅-室内装修-建筑设计 Ⅳ. ①TU767

中国版本图书馆CIP数据核字(2017)第144674号

小户型改造攻略——打造小而美的家

编　　者　漂亮家居编辑部
项目策划　凤凰空间
责任编辑　刘屹立 赵　研
特约编辑　杜玉华

出版发行　江苏凤凰科学技术出版社
出版社地址　南京市湖南路1号A楼，邮编：210009
出版社网址　http://www.pspress.cn
总　经　销　天津凤凰空间文化传媒有限公司
总经销网址　http://www.ifengspace.cn
印　　刷　北京彩和坊印刷有限公司

开　　本　889 mm×1 194 mm　1 / 16
印　　张　14.25
字　　数　180 000
版　　次　2017年7月第1版
印　　次　2024年1月第2次印刷

标准书号　ISBN　978-7-5537-8486-1
定　　价　69.80元

图书如有印装质量问题，可随时向销售部调换（电话：022-87893668）。